物理

力

童牛◎著

天地出版社 | TIANDI PRESS

图书在版编目（CIP）数据

力 / 童牛著. —成都：天地出版社，2023.5
（开心物理）
ISBN 978-7-5455-7575-0

Ⅰ. ①力… Ⅱ. ①童… Ⅲ. ①力学—少儿读物 Ⅳ. ①O4-49

中国版本图书馆CIP数据核字（2023）第011671号

# 力

LI

出品人　杨　政
著　者　童　牛
责任编辑　李红珍　赵丽丽
责任校对　张月静
平面设计　魔方格
责任印制　刘　元

出版发行　天地出版社
（成都市锦江区三色路238号　邮政编码：610023）
（北京市方庄芳群园3区3号　邮政编码：100078）
网　址　http://www.tiandiph.com
电子邮箱　tianditg@163.com
经　销　新华文轩出版传媒股份有限公司

印　刷　三河市兴国印务有限公司
版　次　2023年5月第1版
印　次　2023年5月第1次印刷
开　本　710mm×1000mm　1/16
印　张　8
字　数　128千
定　价　168.00元（全6册）
书　号　ISBN 978-7-5455-7575-0


咨询电话：（028）86361282（总编室）
购书热线：（010）67693207（市场部）

# 前言

对世界充满好奇心和想象力，这就是科学探索的原动力！

其实，任何伟大的发现都是从无到有、从小到大，从零开始的！很久以前，苹果落到了地上，如果牛顿一点儿也不好奇，怎么能发现神奇的万有引力？如果列文虎克不仔细观察研究牙齿上的污垢，又怎会发现细菌呢？

雨珠为什么能够连成线？声音撞到墙为什么会返回来？光的奔跑速度会改变吗？霓虹灯为什么能放射出七彩的光芒？……原来，声、光、电、力，还有水和空气，这些司空见惯的事物都蕴藏着无穷的奥秘。

“开心物理”系列丛书精心编排了200余个科学小实验，它们的共同点是：选取常见的实验材料，运用简便的方法，收到显著的效果。实验后你就会发现，物理真的超简单！科学真的超有趣！

哈哈，来吧，让我们一起到位于郊外的克莱尔家里，与调皮又聪明的猫咪艾米一起，动手做实验、动脑学科学吧！

# 主人公

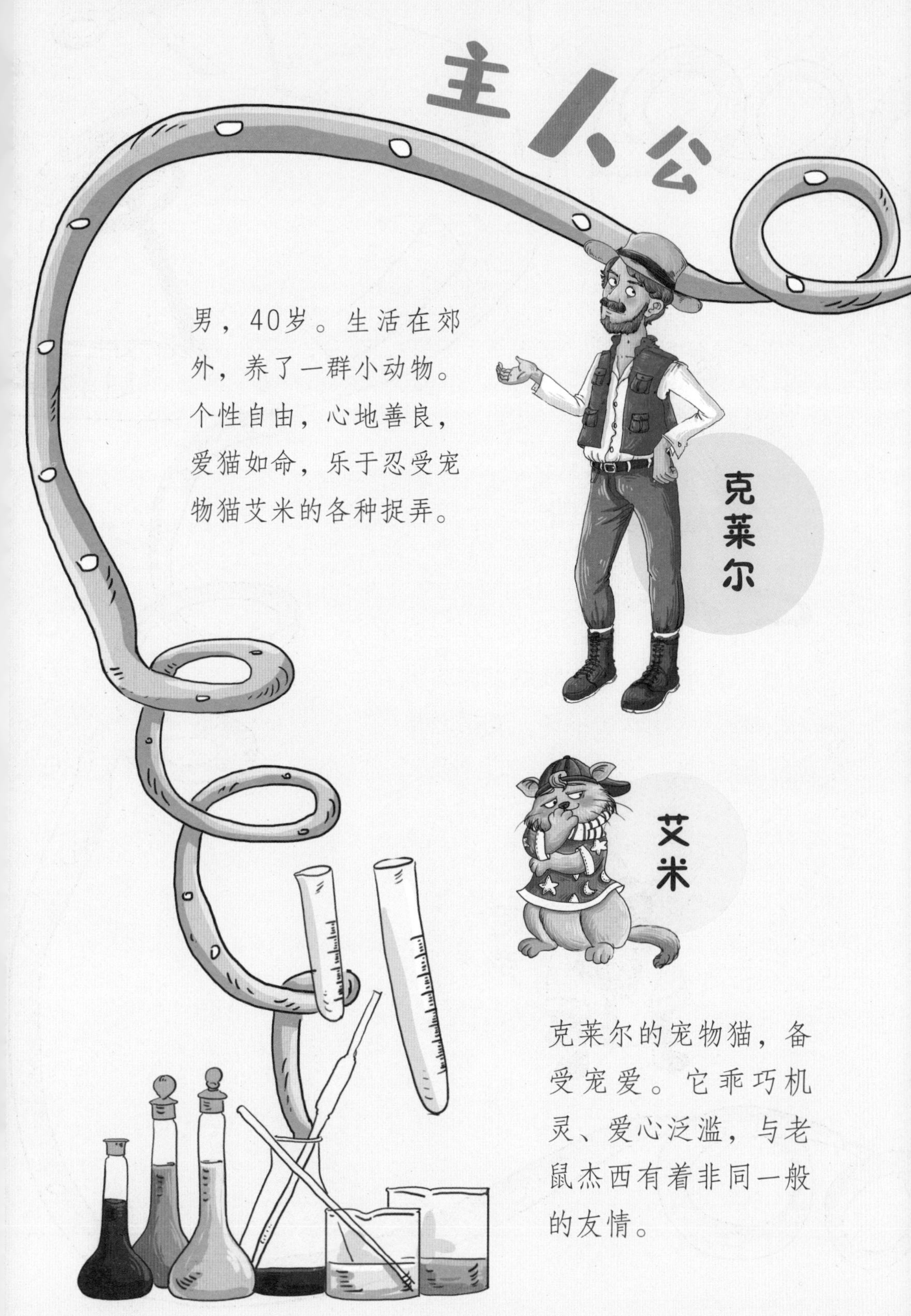
克莱尔
艾米

男，40岁。生活在郊外，养了一群小动物。个性自由，心地善良，爱猫如命，乐于忍受宠物猫艾米的各种捉弄。

克莱尔的宠物猫，备受宠爱。它乖巧机灵、爱心泛滥，与老鼠杰西有着非同一般的友情。

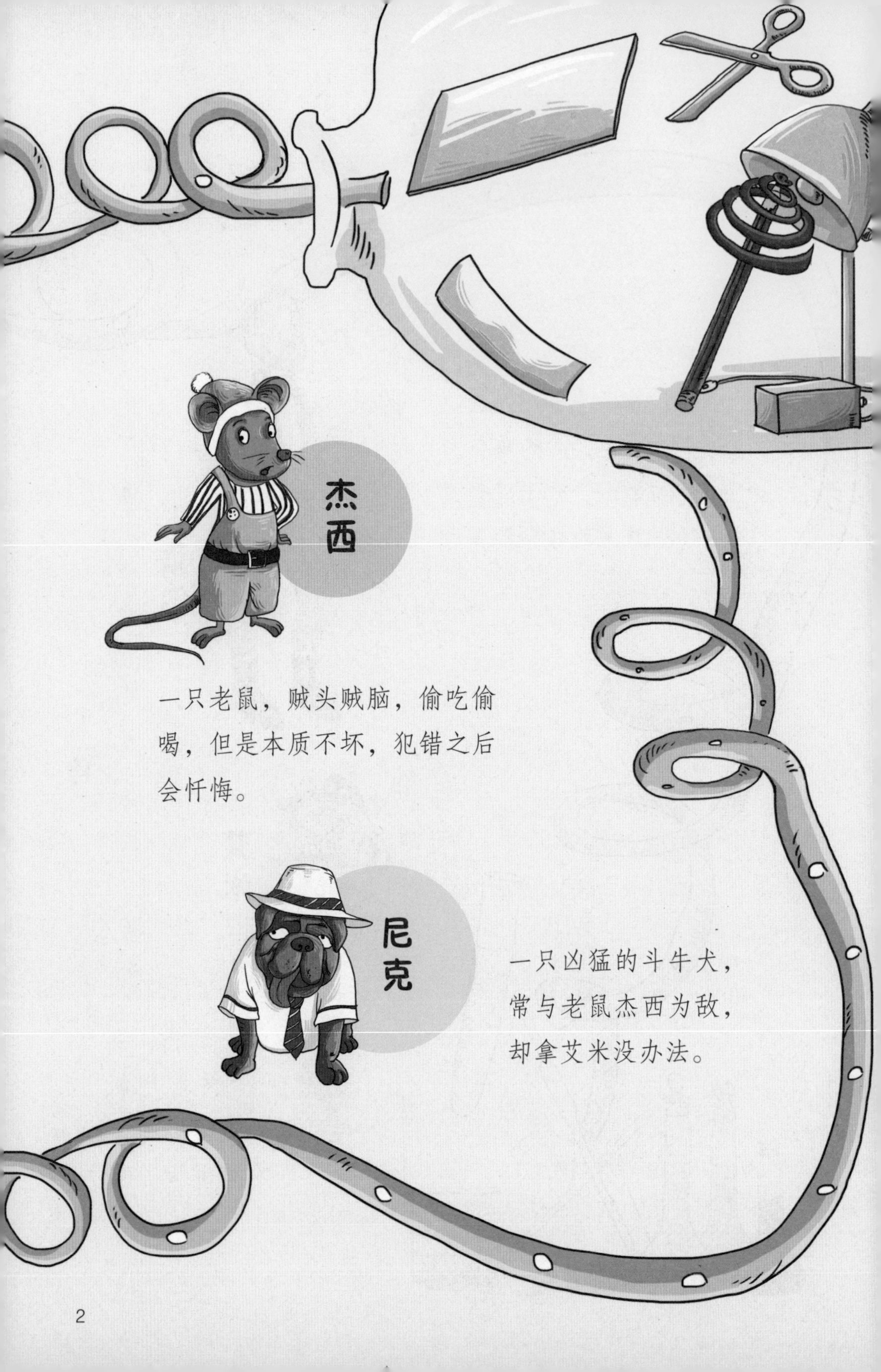
杰西
尼克

一只老鼠，贼头贼脑，偷吃偷喝，但是本质不坏，犯错之后会忏悔。

一只凶猛的斗牛犬，常与老鼠杰西为敌，却拿艾米没办法。

# 目录

# 圈水为牢跑不了

### 你需要准备：

一大盆水
少量食用油
一根筷子
一根线绳（长度超过水盆的周长）
厨房专用吸油纸

### 实验开始：

1. 用筷子将食用油滴入水盆中，滴10滴左右；
2. 晃动水盆让油花散开。
3. 试试用一张吸油纸将油花都吸起来；
4. 把线绳轻轻放在水面上，将油花圈进来；
5. 慢慢收拢线绳，观察油花的走向。

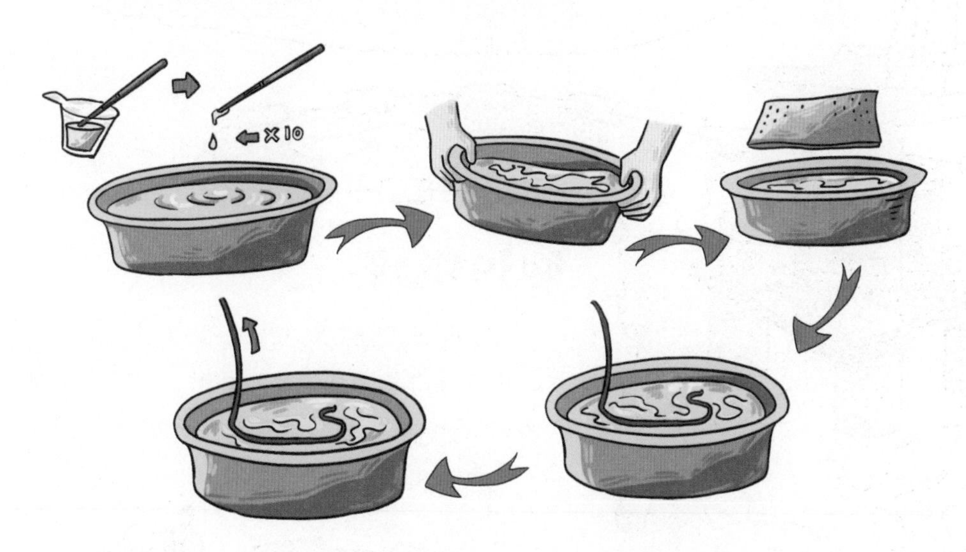
×10

**有趣的现象：**

油花散开之后，用一张吸油纸很难将它们全部吸收。但是，当线绳下水之后，油花很快“束手就擒”了。

哇，抓住了，一网打尽！天哪，克莱尔，是你喊了集合口令吗?
当然不是。其实，线绳才是这场较量的大赢家！当我们圈住油花，慢慢收拢线绳的时候，水的一部分张力也被抵消了。这样一来，油花就没办法四处乱跑了。

## 知识链接

这个收集小油花的秘诀，其实还有更大用途，比方说海底油井发生事故时，救援人员都要进行“封锁作业”，也就是先把油污围起来，之后才正式展开清除工作。

稀里哗啦——艾米将一把玻璃球扔进了水盆里，然后用线绳准备打捞。可是圈来圈去，竟然没有一个玻璃球跟着它的线绳向上跑。

“哼，真是不听话的球！克莱尔，怎样才能把它们一网打尽呢？”艾米指着水盆里的玻璃球，问道。

“玻璃球沉底了，说明已经把水的表面张力破坏了，所以嘛，想把它们一网打尽，只能用渔网！”

“哦，明白了！克莱尔，还有哪些现象与表面张力有关呢？”

“你见过草叶上的小水珠吗？”

“当然见过！”艾米说道。

“小水珠以近似球形的状态存在，就是水的表面张力造成的。”

# 花儿为什么那么香

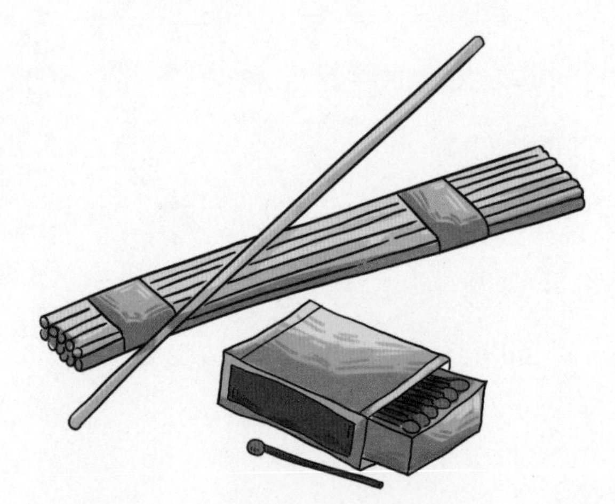

你需要准备：

一根香

火柴

## 实验开始：

1. 将香点燃；
2. 观察烟的走向。

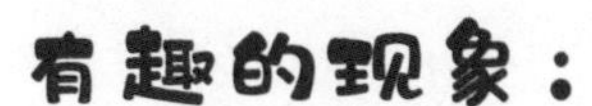
有趣的现象：

当你点燃香后，烟慢慢升起来了。刚刚冒出来的烟比较浓重，而且还很规矩，但随着烟逐渐升高，它们变得越来越“没规矩”，开始张牙舞爪地散开了。

天哪，烟弯弯曲曲的，为什么不肯直直地升起来呢？

点燃的香会使周围的空气温度升高，烟会随着热气流上升。但随着升高而力量会逐渐减弱，高度越高力量越弱，不过空气分子对烟的撞击力却不会减小。这样一来，烟当然会变得越来越“散漫”，弯弯曲曲的了。

## 知识链接

世界上有一些城市是因为雾气而名声大噪的，例如英国的伦敦和爱丁堡、中国重庆、日本东京、美国旧金山，以及土耳其安卡拉，它们被称为“全球六大雾都”。

艾米的鼻子一抽一抽的，循着香气找了一路，终于找到了正在阳台摆弄花草的克莱尔。

“阿嚏！好香啊，克莱尔，你在做什么？”艾米被香味熏得打了个喷嚏。

“快看，这是我新买的花，美丽的花！”克莱尔端着花盆给艾米看。

“好奇怪呀，花又不冒烟，可是它怎么也是香的呢？就像你点的香一样。”

“花虽然不冒烟，但是它会散发出芳香物质，只不过那种物质太微小，我们看不到罢了。”

# 热腾腾的旋风怪

你需要准备：
两个透明玻璃杯
冷水
热水
墨水
毛笔

## 实验开始：

1. 将冷水和热水分别倒进玻璃杯；
2. 用毛笔蘸上墨水，把墨水分别滴入冷水和热水中；
3. 观察两个杯子里墨水扩散的状态。

## 有趣的现象：

把同样的墨水分别滴入冷水和热水，你很快就会发现，热水里的墨水扩散得很快，而冷水里的墨水扩散得比较慢。

哇，墨水跑得好快！天哪，克莱尔，热水里是藏着一只旋风怪吗？

哈哈，真的很像有旋风怪！墨水在热水里比在冷水里扩散得要快，是因为水分子受到了水温的影响，温度越高水分子运动速度就越快，反之水分子运动速度就越慢。我们通过墨水在水中的表现可以观察到布朗运动。

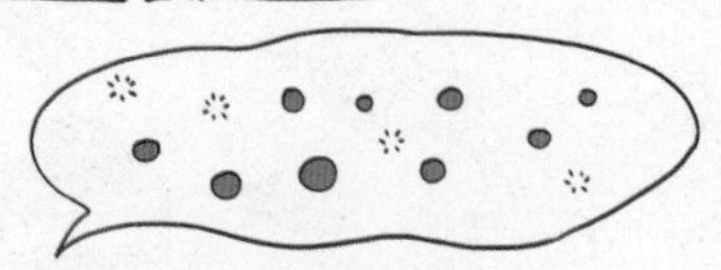

## 知识链接

1827年的一天，苏格兰植物学家布朗正对着显微镜思考，因为他发现了一些运动不止的“小精灵”，也就是一小撮落入水中的花粉。后来，人们把悬浮在空气或水中的小微粒所做的永不停息的无规则运动，称作布朗运动。

“小心你的牙，克莱尔，今天你已经偷吃了六块糖对不对？”艾米指着克莱尔的嘴巴，警告道。

“天哪，我保证，这两块糖绝对是用来做实验的。”克莱尔摊开双手，露出两块白白的方形糖。

“好吧，我会监督你的！”

克莱尔将两块方形糖同时放进两个水杯里，其中一杯盛着冷水，另一杯盛着热水。

“好了，现在我们一起看看，哪杯水中的糖溶解速度更快！”

事实证明，热水中的糖溶解得更快。这是因为热水加快了“糖分子”运动的速度，所以糖很快就溶解了。

# 荡啊荡，荡秋千

C
A
B

**你需要准备：**

两副吊绳等长的秋千

请三个伙伴来帮忙

## 实验开始：

1. 你和伙伴A分别坐上秋千；
2. 让伙伴B帮你推秋千，伙伴C帮A推秋千；
3. 让伙伴A荡得高一些，你自己则低一些；
4. 你喊停止，伙伴B和C都不再推秋千；
5. 观察秋千停摆的状况。

B
C
A
B
C

## 有趣的现象：

当你和小伙伴A一起荡秋千的时候，他比你荡得高，所以大家都会以为他可以多荡一会儿。没想到的是，你俩竟然同时停下来了。

同时停下来。
A


克莱尔，我以为A会多荡一会儿，为什么他俩一起停住了？

荡秋千其实是个简单的钟摆运动，这种运动从开始到结束所花费的时间，与运动速度的快慢或者幅度大小都没什么关系。只要他俩的秋千绳一样长，那就一定会同时停下来的。

### 知识链接

据说，几十万年以前，我们的祖先就已经学会“荡秋千”了。藤条和树枝都可以当作秋千。只不过那时他们不是做游戏，而是借助秋千翻越沟壑、攀上树枝采野果，或者追赶野兽。

“嘿，现在可以开始了吗？”克莱尔坐在秋千上望着艾米，问道。

“好吧，计时开始！”

克莱尔开始荡秋千了，足足荡了一分钟。然后换另一架秋千，不同的是，第二架秋千的吊绳比前一架要短一些，艾米帮忙计时和数数。克莱尔在短秋千上也荡了一分钟。

“咦，都是一分钟，长秋千荡的次数比较少，我没数错吧？”艾米不解地问。

“你没数错，其实我早就知道这个结果！”克莱尔一脸得意地说。

“不要故弄玄虚了——快说这是为什么？”

“艾米，这就是钟摆运动的特性——在相同时间内，摆绳越长，摆动次数就越少。”

# 糖的变形记

**你需要准备：**

方形糖

一个宽口有盖的塑料瓶

水

## 实验开始：

1. 在瓶中倒入大半瓶水；
2. 将一块糖放进瓶子里，拧紧瓶盖；
3. 用力晃动瓶子，时间不要少于5分钟；
4. 观察糖的样子。

用力

## 有趣的现象：

你放进瓶子里的明明是一块方形的糖，但是经过一番晃动，糖的外形竟然变了，变圆了，也变小了。

咦，糖变小了，好像也变圆了！克莱尔，这是怎么回事呢？

是水把糖“磨”圆了！糖变小是因为它在水中溶化了，至于变圆，那是因为摇晃瓶子时造成的水流冲刷使糖变圆了。其实，河床上的鹅卵石也是这样变圆的。

## 知识链接

石头极少有天然浑圆的。经过长时间的流水打磨、地壳运动挤压，才可能造就出一颗颗圆溜溜的鹅卵石。除了常见的白色，也有黑色、黄色、红色、墨绿色和青灰色的鹅卵石，颜色不同是因为它们所含的金属元素不同，例如：红色含铁量高，蓝色多铜，紫色多锰……

“我的鱼片还没好吗，克莱尔？你已经切太久啦，难道你都忘了看时间吗？”说好了要吃鱼片，可是克莱尔总也切不好，艾米急得一口咬住了他的衣袖。

“对不起，刀太钝了……”

“快去磨刀啊，克莱尔！你用什么磨刀，就是用这块灰石头吗？”艾米拍拍磨刀石问。

“没错，它是一块不错的磨刀石。”

“咦，为什么不用水冲呢？”

“用水冲？”

“嗯，让水把刀刃‘磨’锋利，就像水把糖‘磨’圆一样！”

“流水磨刀？也是个不错的主意——但是艾米，那恐怕要磨很久很久……”

# 扎不漏的袋子

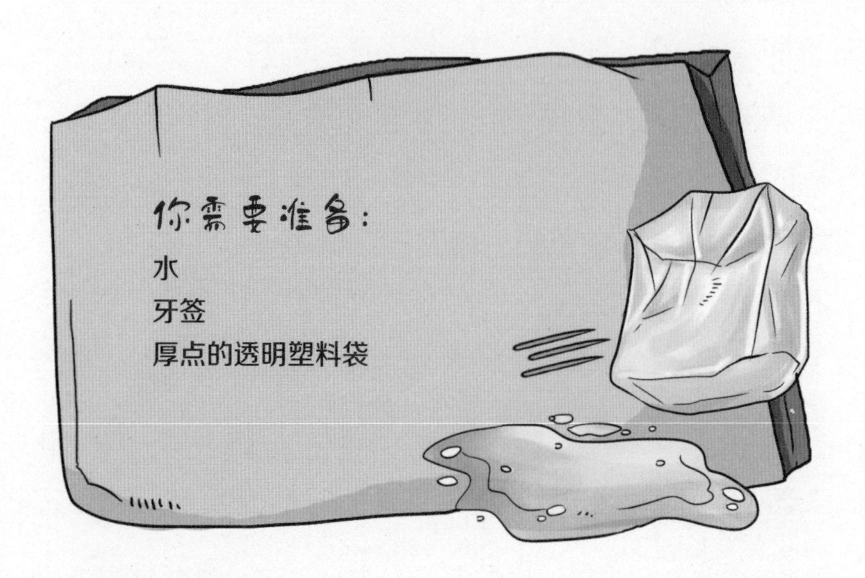

你需要准备：

水

牙签

厚点的透明塑料袋

## 实验开始：

1. 往塑料袋里倒半袋水；
2. 握紧袋口，让袋子里留有少量空气；
3. 拿牙签迅速刺入有水的地方，松开手，让牙签留在袋子上；
4. 观察袋子中的水会不会顺着牙签插入的地方流出来。

迅速

## 有趣的现象：

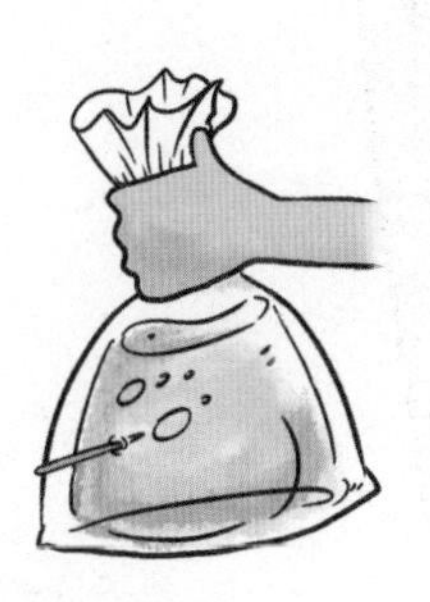

把牙签扎在袋子上，以为水一定会顺着牙签插入的地方向外流。事实上，袋子好像没事一样，竟然一点儿水也没流出来。

一只装有水的袋子竟然扎不漏。克莱尔，这究竟是为什么呢？

哈哈，当牙签迅速刺入塑料袋的时候，这个动作的瞬间会产生一定的热量，塑料袋遇热会收缩，从而和牙签粘在一起。在牙签没取下来之前，你可以看成这是一个虽然有“漏洞”，但已经打上了补丁的袋子！

## 知识链接

摩擦可以产生非常大的热量，摩擦焊就是基于摩擦生热的原理产生的一种焊接技术，这种技术可以将钢与钢、钢与铝、铜与铝等不同材料焊接起来，从而大大弥补了传统钢铁焊接技术的缺憾。

艾米看着那个神奇的、不怕扎的装有水的塑料袋，小脑袋瓜突然冒出一个坏主意。

“克莱尔，可以再扎一根竹签吗？把塑料袋扎成小刺猬。”

“没问题，但动作一定要快。”

“好，我来了！”

艾米果断地拿出了一盒牙签，刺向塑料袋，可是这回塑料袋没撑住，漏得稀里哗啦，克莱尔也被水打湿了。

“塑料袋漏了，为什么？”艾米好失望。

“那是因为牙签扎得太多了，孔与牙签的结合已经不够紧密了。你听过‘竹篮打水一场空’吗？”克莱尔抖抖衣服上的水说道。

# 一条蚯蚓爬呀爬

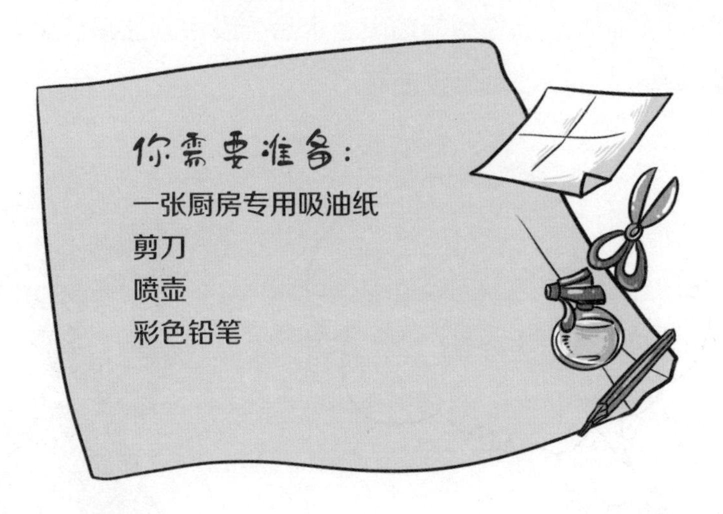
你需要准备：
一张厨房专用吸油纸
剪刀
喷壶
彩色铅笔

## 实验开始：

1. 在吸油纸上面画一条大蚯蚓，长度不少于15厘米；
2. 将蚯蚓剪下来；
3. 把蚯蚓对折几次，然后再展开放在一边；
4. 用喷壶给蚯蚓喷水；
5. 观察蚯蚓的状态。

## 有趣的现象：

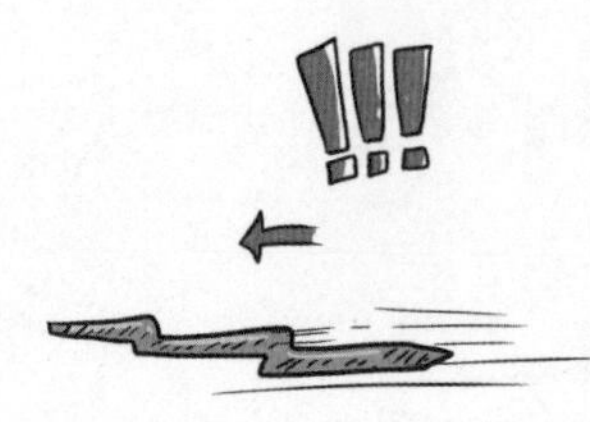

一条纸蚯蚓，折来折去变得像拉花一样。当你给蚯蚓喷上水后，没想到这家伙竟然慢悠悠地爬动起来了！

天哪，跑了，蚯蚓逃跑了！为什么呢？我没有给它画脚啊！
蚯蚓没有脚也会跑，因为水就是它的“脚”！纸蚯蚓的吸水性非常好，当水喷洒到它身上的时候，喷到水的地方由于吸水而膨胀，这样一来，那些皱褶就会一张一合，使蚯蚓动起来！

## 知识链接

蚯蚓的确是没有脚的，它们凭借身体一伸一缩就能爬行。蚯蚓的腹部长有刚毛，刚毛具有协助运动的作用。

“快看，又来了一条新蚯蚓！”克莱尔重新折了一条纸蚯蚓，兴冲冲地拿给艾米看。

“天哪，又是蚯蚓，玩点儿别的不好吗，克莱尔？”艾米有点儿失望。

“你想不想看笨蚯蚓表演？它真的是一条很笨很笨的蚯蚓哟！”

克莱尔按照原来的方法，给纸蚯蚓喷了水，但这回纸蚯蚓竟然不动了。

“克莱尔，难道它在‘装死’吗？”艾米问。

“哈哈，纸蚯蚓之所以会‘装死’，那是因为它身上涂了胶水。”克莱尔坦白道。

“快说，涂了胶水会怎样？”

“胶水就相当于纸蚯蚓的‘防水涂料’，它的身体由于涂上了胶水不能吸收水分，也就没法借助吸水膨胀的力量向前爬了。”

# 潜入池塘去看鱼

你需要准备：
一个大塑料袋
一盆水

**实验开始：**

1. 把塑料袋套在手上；
2. 慢慢把手伸到水盆里，注意别让水进入袋子；
3. 慢慢将手提起来，观察袋子的状况。

## 有趣的现象：

塑料袋比手大多了，所以你的手可以在其中自由活动。但是，当手和袋子一起向上提的时候，竟然感到有些费劲！

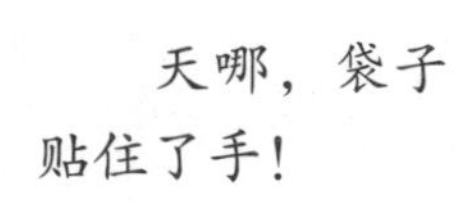
天哪，袋子贴住了手！

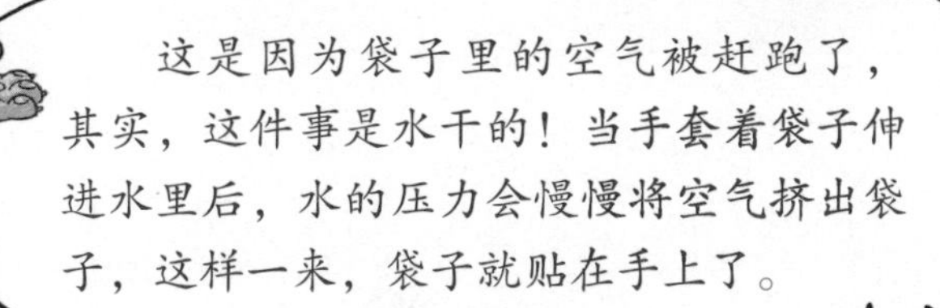
这是因为袋子里的空气被赶跑了，其实，这件事是水干的！当手套着袋子伸进水里后，水的压力会慢慢将空气挤出袋子，这样一来，袋子就贴在手上了。

### 知识链接

水压的大小与水体的深浅密切相关，确切地说，水越深压力就越大。比如，一辆坦克沉入了大海，沉到接近一万米深处，情况就会变得非常糟糕了，此处海水的压力已经足以将坦克压扁。

“哇，大海就是个超大的鱼缸！对吗，克莱尔？”看到电视里的海底世界，艾米激动得跳了起来。

“太对了！”

“潜水艇能够到达很深的海底，对不对？”艾米问。

“是的，潜水艇可以下沉一万多米呢！它们能够协助专家进行科学研究。”

“一万米！天哪，它还回得来吗，会不会被压扁？”艾米好紧张，瞪大眼睛抓住了克莱尔的胳膊。

“回得来，潜水艇的内部也有压力，只要艇内压力大于周围海水的压力，它就不会被压扁，而且潜水艇的外壳无比坚硬。”

听了这话，艾米竟把杰西领到池塘边，鼓励它下水去捞鱼！

“不怕，杰西，多喝点儿水，你就可以潜水抓鱼了！”

# 拖泥带水不可以

你需要准备：

两个玻璃杯
一撮泥沙
水
条状医用绷带
一根筷子

## 实验开始：

1. 在一个杯子中倒入大半杯水；
2. 将泥沙倒进杯子里，并用筷子将水搅浑；
3. 截一截儿约60厘米的绷带，折成四段；
4. 将折好的绷带一头搭在泥沙水里，另一头垂入空杯子中；
5. 大约半小时后，观察空杯子的状况。

半小时

## 有趣的现象：

一杯泥沙水，看起来很脏。半小时后，你惊讶地发现空杯子里竟然出现了清水。

泥沙水变少了！克莱尔，这个杯子里的清水是哪来的？
哈哈，泥沙水也能变清水，这是一种奇妙的现象！当你把绷带的一头浸入泥沙水的时候，只有水会沿着绷带慢慢“爬”上来，泥沙会留在杯子里，这就是物理学中的毛细现象！

## 知识链接

毛巾吸汗、墙面和地面返潮、砖块吸水等，这些都是毛细现象。另外，植物通过根须从泥土中汲取水分，也是一种毛细现象。

“来吧，这里有杯神奇的水，你想不想尝尝呢？”克莱尔指着桌上的一个杯子，对艾米说道。

“唉，我对它实在没什么兴趣。”艾米说。

“你帮我尝尝水少的这杯，只舔一点就行了。”克莱尔恳求艾米。

此时，桌上有两杯水，就像刚才的实验一样，只不过两杯水看上去都是清澈的，并没有沙土。

艾米用筷子蘸了一点儿水，舔了一下，发现这杯水没味道。

“这杯是清水，那杯有什么不同吗？”艾米指着另一个杯子问道。

“另一个杯子盛的是盐水，但绷带只把清水吸了上来，却将盐分留在了原来的杯子里，所以你尝的这杯水是没有味道的。”

# 变小的棉被

**你需要准备：**

两个一样的软吸盘

一盆凉水

一盆温水

## 实验开始：

1. 将其中一个吸盘放到凉水里涮涮；
2. 将一干一湿两个吸盘吸在一起，再试着分开它们；
3. 将两个吸盘浸入温水里，同时试着将它们分开。

## 有趣的现象：

自从其中一个吸盘浸了凉水，两个吸盘再次碰在一起后，好像就不想分开了。后来把它们放进温水里泡了泡，情况又发生了改变，两个吸盘分开了。

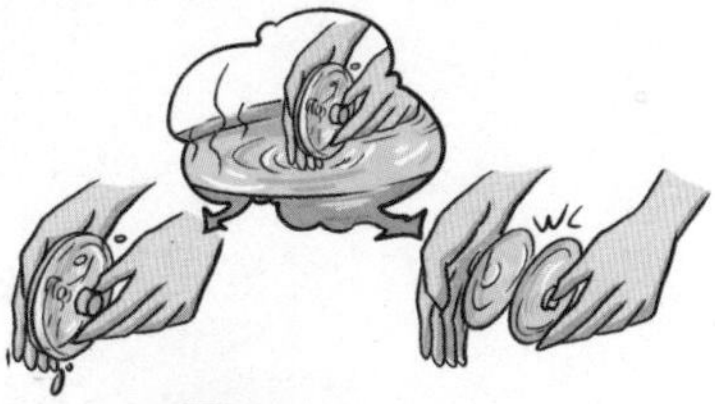

两个吸盘一开始分不开，后来又分开了！克莱尔，你用了离间计吗？

哈哈，我的离间计就是让空气钻进去！当其中一个吸盘浸水后，它俩之间就充满了水，几乎一点儿空隙都没有了，所以才会变得“难舍难分”。但是，温水会钻进吸盘，这样一来，空气有了可乘之机，两个吸盘就又分开了。

### 知识链接

我们身边的物体会受到温度的影响，从而发生某些微妙的变化。电工师傅架设电线时，就需要考虑到这点。如果夏季施工，电线长度要留有较大余地，这是为了防止它们冬季会因收缩而断裂。

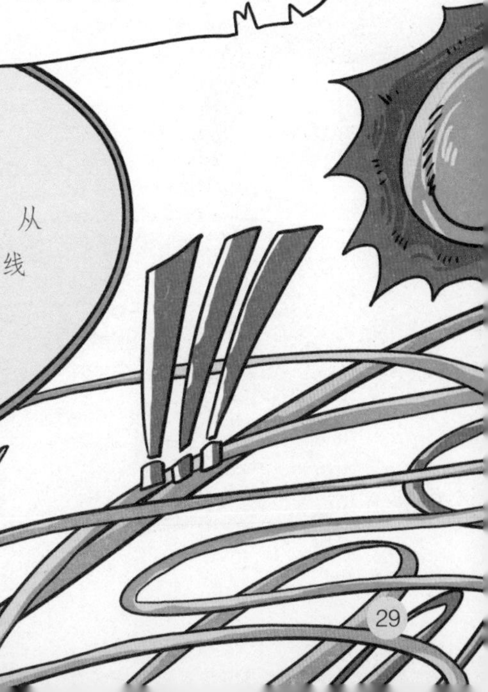

也不知道克莱尔又搞来什么“秘密武器”，艾米越看越糊涂了。

“哇，变小了！克莱尔，你是怎么把厚棉被变小的？”

“哈哈，厚厚的棉被缩小了，都是抽气泵的功劳。怎么样，这个抽气泵不错吧？”克莱尔指着装在袋子里的棉被，炫耀道。

“什么抽气泵，干吗用的？”

“抽气泵是抽取空气用的，它把棉被袋子的内部抽成了真空，所以棉被就会被外面的大气压压得扁扁的。”

# 逆流而上的蛋

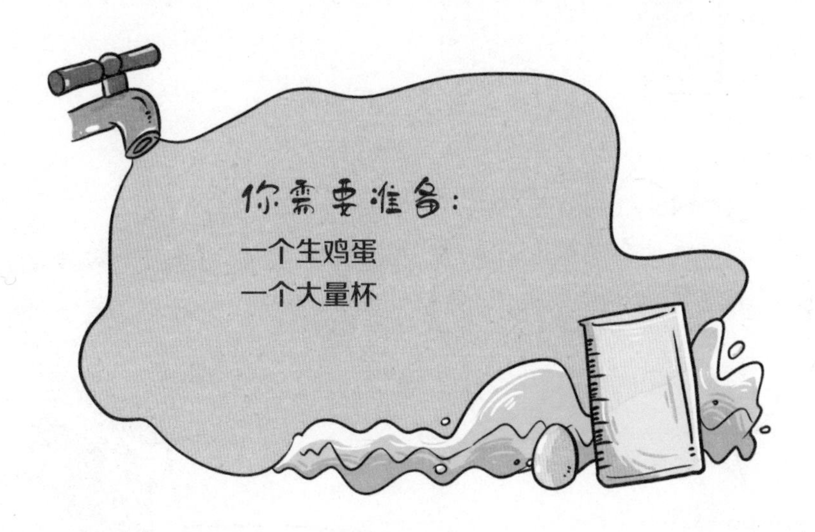

你需要准备：
一个生鸡蛋
一个大量杯


**实验开始：**

1. 把鸡蛋放进量杯；
2. 走进厨房打开水龙头，往量杯中放水，此时水流不用太大；
3. 逐渐将水龙头开大，使水流直接流到鸡蛋上；
4. 观察鸡蛋在水中的起伏情况。

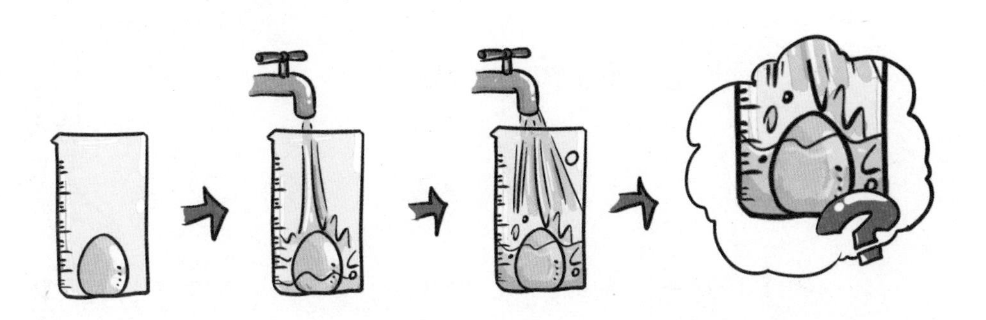

## 有趣的现象：

刚开始放水时，鸡蛋稳稳地待在杯底。但是随着水流的增大，鸡蛋终于“坐不住”了，它开始奋力向上。当水溢出量杯时，鸡蛋已经浮起来，在水里乱动呢。

加油，鸡蛋！冲上来啊！克莱尔，我好担心它冲出来摔得粉身碎骨。

哈哈，小小鸡蛋“玩冲浪”，这是水流给它的无穷力量啊！水流会使鸡蛋产生一个向上的反作用力，这时鸡蛋就会向上冲，也就是浮起来。不同大小的水流，鸡蛋上浮的情况不同，你要仔细观察哟。

## 知识链接

踏上滑板冲浪，惊险又刺激。古时，夏威夷群岛附近的波利尼西亚人已经开始玩冲浪了，最优秀的冲浪者才有资格当部落酋长。

“哎呀！鸡蛋浮到水面上来了，为什么呢？”艾米不解地问道。

原来，克莱尔拧了拧水龙头，使水流变小了。这时，鸡蛋好像“如释重负”，立刻浮到水面上来了。

“是因为水流变小了，太大的水流反而会使鸡蛋浮起得不高。”

“水流变小了，它应该更‘老实’才对，可这是怎么回事？”

“水流变小了，也就意味着压力也会随之变小，这时候水的浮力占了上风，所以鸡蛋浮到了水面上。”

# 迟钝的纽扣

你需要准备：
一张A4纸　小剪刀
固体胶　尺子
一颗小纽扣　玻璃杯
A4

## 实验开始：

1. 在A4纸上剪下一条宽度为2.5厘米的长纸条；
2. 把纸条做成纸环，用固体胶粘住粘口，注意纸环的直径要与杯口的直径相当；
3. 将纸环立在杯口；
4. 把纽扣放在纸环的最高点；
5. 快速抽走纸环，速度一定要快，力量一定要大；
6. 观察纽扣的状态。

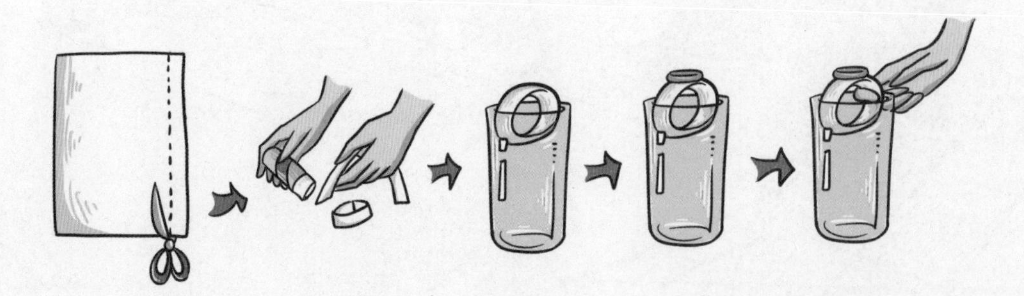

## 有趣的现象：

用力快速将纸环抽走，纽扣会如何呢？事实上，纽扣还是非常有“定力”的，它不仅没有跟着纸环一起被抽走，反而垂直落进了杯子。

天哪，落下来了！纽扣为什么不跟着一起走，它是一颗迟钝的纽扣吗？

嗯，真是迟钝的纽扣，拉一把也不肯走！艾米，由于抽走纸环时又快又用力，所有的力量直接传给了纸环，纽扣根本不受影响，它当然不会跟着纸环一起被抽走了，这也是惯性的缘故。

### 知识链接

其实，在生活中有很多关于惯性的实例，比如，当你骑车太快的时候，即使暂停蹬动，自行车也会继续向前行驶一段路程。

“艾米，想不想再试一次？”克莱尔问道。

“为什么要玩同一个游戏？”艾米有点儿不耐烦。

“这回我们玩个慢动作！”

克莱尔一边说，一边按照原来的实验步骤，把纸环、杯子、纽扣等素材准备好。

艾米按照克莱尔的吩咐，慢慢拉动纸环，结果，纽扣跟着纸环一起移动了。

“纽扣没有掉进杯子里，是因为我的动作太慢了吗？”

“完全正确！”

# 顶天立地像松树

你需要准备：
一个空瓶子
一个装满水的瓶子
一块手帕


## 实验开始：

1. 将手帕平铺在光滑平整的桌面上；
2. 把空瓶子放在手帕中央，快速抽走手帕，观察瓶子的状况；
3. 将装满水的瓶子放在平铺的手帕上；
4. 再次快速抽走手帕，观察瓶子的状况。

## 有趣的现象：

当你快速抽走手帕的时候，空瓶子倒了。但用同样的方法再一次抽走手帕，装满水的瓶子竟然屹立不倒！

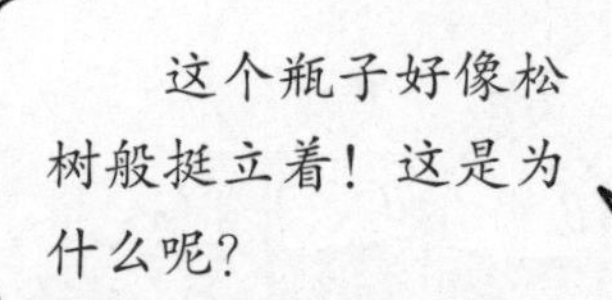
这个瓶子好像松树般挺立着！这是为什么呢？

在大小相等的力的作用下，重量越大的物体惯性越大，也就是说，它保持原有状态的能力会更强一些。所以，装满水的瓶子在手帕被抽走时可以依然保持站立。

### 知识链接

所谓惯性，是物体保持自身原有状态的一种属性。物体都有惯性，不论该物体处于静止，还是运动的状态。

“呼呼，好大的风啊！什么时候才能停？”树叶被风吹得哗哗作响，艾米难过地说道。

“是呀，可怕的狂风会把你吹跑的！”克莱尔担心地说。

“它为什么没被吹跑呢，克莱尔？”艾米指着花园里那块大石头问。

“那是因为它太重了，风吹不动！”克莱尔回答。

“大树为什么也不会被吹跑呢？它看起来可不怎么重啊。”

“因为大树的根系很发达，能够深深地扎在泥土里——但是风力过猛的时候，大树也会被连根拔起的。”

# 弹卡片真好玩

你需要准备：

一张硬卡片

粗砂纸

一根没削的铅笔

## 实验开始：

1. 用铅笔将硬卡片顶起来；
2. 用手快速弹动卡片，观察卡片的状况；
3. 用砂纸打磨卡片，使卡片的表面变粗糙；
4. 卡片粗糙的一面朝下，用铅笔把它顶起来；
5. 用手再次弹动卡片，观察卡片的状况。

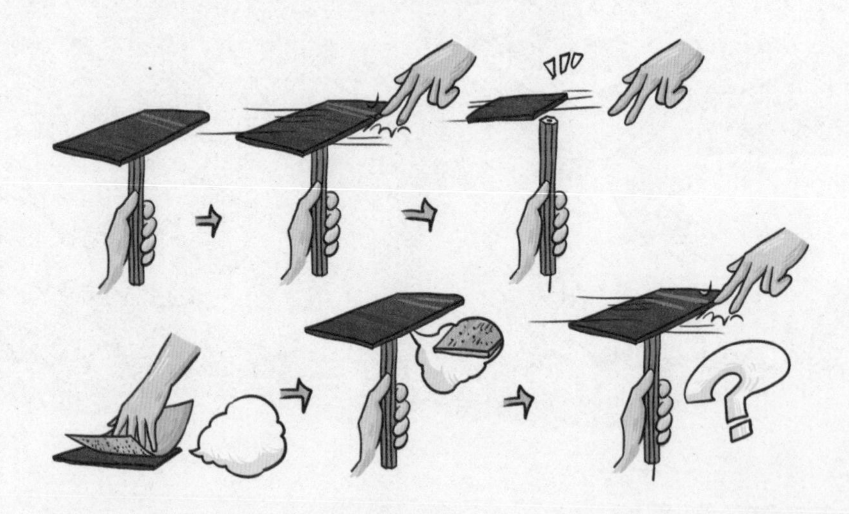

## 有趣的现象：

卡片的表面原本很光滑，当你把它顶在铅笔上，用手轻轻一弹，它瞬间就飞走了。但是，用砂纸打磨卡片后再弹它，并没有把它弹飞，而是卡片晃了几下掉下去了。

克莱尔，卡片没有飞走，而是慢悠悠地掉下去了，为什么呢？

当卡片的表面很光滑时，你毫不费力，就能将它弹飞。但是当卡片被砂纸磨得凹凸不平后，它与铅笔之间的摩擦力也变大了，所以它才不会被弹飞。

## 知识链接

自行车的车闸是一种制动装置，它就是通过增大摩擦力的方式让自行车停下来的。但是有一种自行车没有车闸，那就是场地自行车比赛时使用的赛车，这是为了让赛车轻装上阵，从而跑得更快。

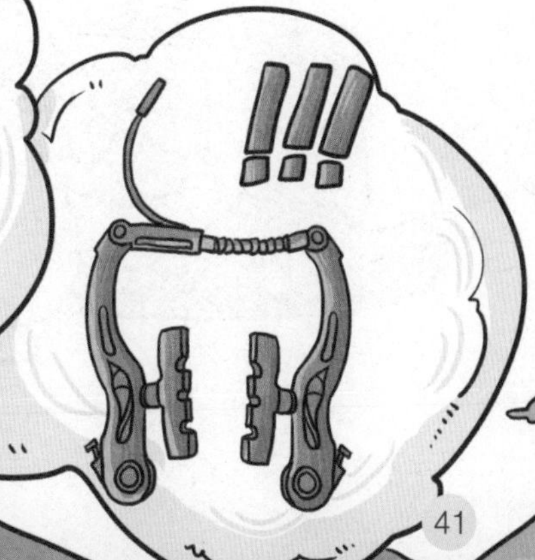
!!!

“身轻如燕，轻快得好像小燕子一样——自行车能追上小燕子吗？”艾米一边看赛车，一边问。

“人们确实有这样的想法，为了达到目的，就必须设法减轻赛车的重量。”杰西说道。

“杰西，我们制造一辆自行车好不好？”

“制造自行车干吗？我可从没用过那东西。”

“骑车跑得快啊！有了自行车，本杰明追不上你，尼克、丽莎，统统都追不上你了！”

“有那样的飞车吗，它在哪儿？”杰西左看看右看看。

“现在，我就有两个轮子，你看它们像不像？”艾米把两个圆形罐头拿出来送给了杰西。

# 扬眉吐气骑大牛

你需要准备：

一杯水

小勺

少量植物油

墨水

毛笔

## 实验开始：

1. 用小勺盛一些油，将油慢慢倒进杯子里，直到水面完全被油覆盖；
2. 用毛笔蘸点墨水，在杯子里滴4滴墨水（滴在正方形的四个角位）；
3. 当杯中液体静止后，迅速转动杯子，使它转 $\frac{1}{4}$ 圆周；
4. 观察4滴墨水的状况。

4

## 有趣的现象：

你或许原以为，杯子转圈了，墨水一定会移动的。事实上，墨水纹丝不动，仍然保持着先前的“方阵”。

啊，墨水的队伍好整齐！杯子已经转圈了，墨水为什么不会移动呢？

哈哈，杯转水转油也转，墨水跟着一起转，这就等于没转！也就是说，杯子转动的同时，杯中所有物质跟着一起转。这样一来，墨水看上去还在原来的位置。

## 知识链接

由于地球本身就在不停地旋转，所以世界上没有任何一个物体是绝对静止不动的。乘坐火车时，我们感觉不到车厢中座椅等物体的移动，就是因为我们的身体也随着火车一同在飞奔，车厢内所有物体之间的距离并没发生改变，这叫作相对静止。

“杰西，我有个办法，可以让本杰明永远找不到你！”

“猫王，您是让我躲在家里不出门吗？可是我要出去找牛饲料吃啊。”杰西流着口水说。

“不，你只要‘静止’就好了，让你和本杰明相对静止。”

“杰西，快，抓一把饲料，跳到牛背上，一定要抓牢牛犄角哟！”

“哞——哞哞——”杰西死死抓着牛犄角，气得本杰明没有任何办法，怎么也甩不掉杰西。

“你的主意太棒了！下回找个袋子装饲料，然后再骑着本杰明回家！”杰西得意地说。

# 鸡蛋转圈圈

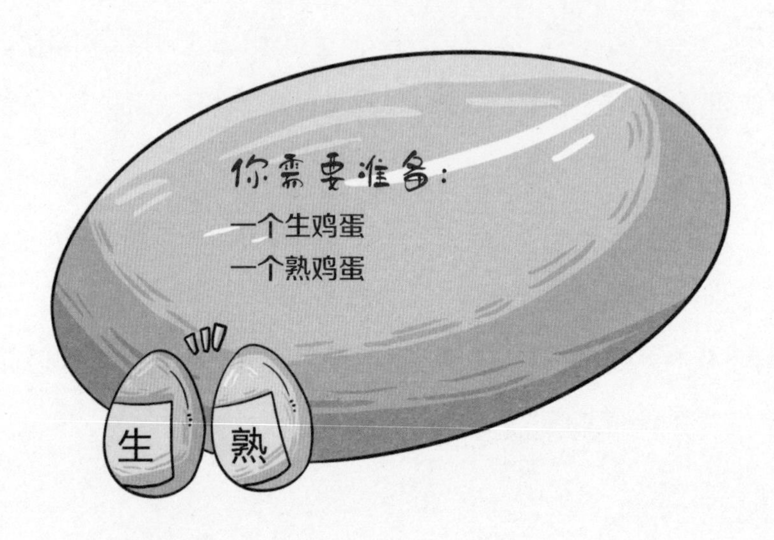
你需要准备：
一个生鸡蛋
一个熟鸡蛋
生
熟

## 实验开始：

1. 转动生鸡蛋，观察它的运动状态；
2. 转动熟鸡蛋，观察它的运动状态。

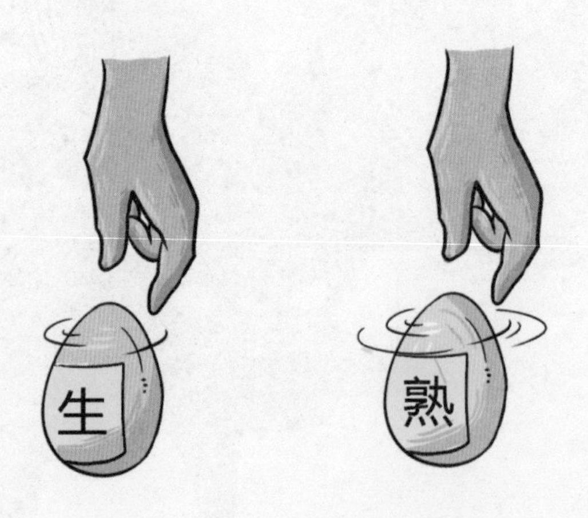
生
熟

## 有趣的现象：

生鸡蛋和熟鸡蛋表面看起来并没有什么差别，但是当你分别转一转它们后，对比一下就会发现，生鸡蛋比较“懒”，它很难转起来。

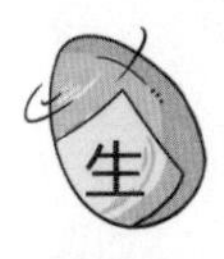
生

熟

生鸡蛋真懒，一撒手就停下来了！为什么熟鸡蛋会转不停呢？

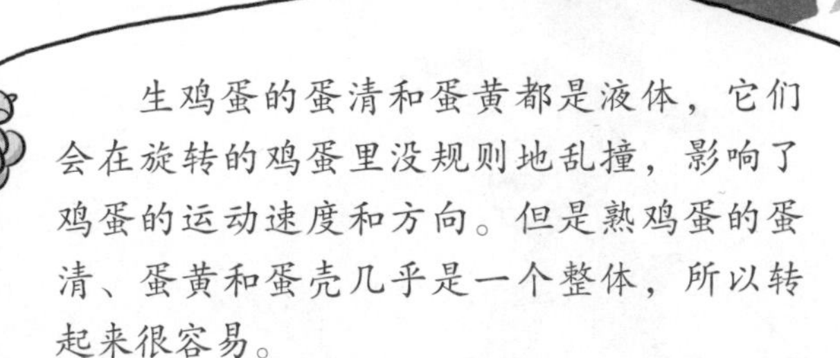
生鸡蛋的蛋清和蛋黄都是液体，它们会在旋转的鸡蛋里没规则地乱撞，影响了鸡蛋的运动速度和方向。但是熟鸡蛋的蛋清、蛋黄和蛋壳几乎是一个整体，所以转起来很容易。

### 知识链接

不论鸡蛋、鸭蛋，还是大鹅蛋……几乎所有的蛋都是一头偏尖一头偏圆。蛋的圆头有个“密室”，那里面存着一些空气。当小鸡小鸭快要破壳的时候，就可以把脑袋转向圆头，直接呼吸空气了。

“克莱尔，你又胖了！”艾米指着克莱尔的肚子嘲笑道。

“没错，瞧我这个胖肚子，转呼啦圈都碍事儿。”克莱尔不好意思地自嘲道。

“哎呀，呼啦圈都转不好，你可太让我失望了！”艾米皱皱眉头，蹿起来故意撞了一下克莱尔的肚子。

“天哪，艾米，放过我的肚子吧！”克莱尔捂着肚子求饶。

“它就像没煮熟的鸡蛋，动不起来了对不对？”艾米问。

“太对了，动一动晃三晃，你的比喻还真像。所以我要加强锻炼，变回那个健美的克莱尔！”

# 谁也别想跑

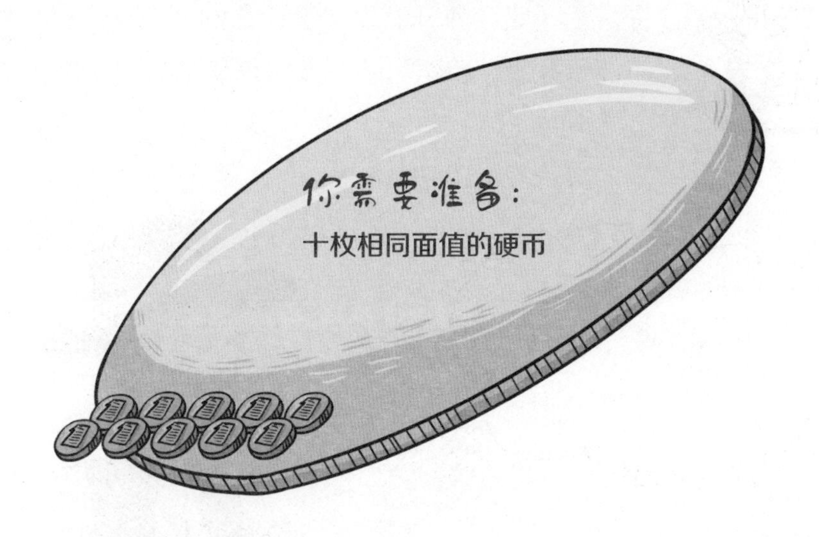

你需要准备：
十枚相同面值的硬币


## 实验开始：

1. 将10枚硬币摞在一起，码放整齐；
2. 抬起一只手，掌心朝上，手背搭在同侧肩头；
3. 用另一只手拿起摞好的硬币，将它们放在朝上的手掌上；
4. 迅速向前翻转手掌，将硬币推出去；
5. 试着一把抓住所有硬币。

!!!

## 有趣的现象：

十枚硬币并没有粘在一起，你会以为它们飞出去之后一定会散开。事实上，在刚刚飞出去时，硬币还是非常“团结”的，真的好像粘在了一起。

哇，它们像粘在一起一样排列整齐，这是为什么呢？

一摞硬币不分离，是因为我没给它们留时间！硬币刚被推出去的时候，下落速度比较慢，彼此间的距离不会有太大改变，所以看起来就像粘在一起一样。

## 知识链接

如果某一物体从高处向下落，越接近地表，下落速度就越快。雨天的时候仰望天空，我们可以看得清雨滴，而在接近地面的地方，雨水几乎是呈线状下落的。这种现象正是由于雨滴的下落速度越来越快造成的。

“太惨了！克莱尔，我不敢看！”艾米一下子跳到了克莱尔的肩上，歪着脑袋说。

“这就是血的教训，看见了吧，高空坠物害人不浅！”

“一个椰子就把人砸流血了，这是真的吗？”

“当然是真的！因为椰子树太高了，椰子从树上掉落时产生的力量很大。”

“太可怕了！所以一定不能从高处往下扔东西啊！”

# 好玩的接球游戏

你需要准备：
一个有手柄的大搪瓷杯子
三个乒乓球

## 实验开始：

1. 用一只手握住杯柄；
2. 将一个乒乓球放在拇指与杯柄之间；
3. 握住杯柄向上抛球，速度要快；
4. 试着用杯子接球；
5. 以同样的方式抛出第二、第三个球，试着用杯子将它们一一接住。

## 有趣的现象：

第一个球被抛起，很容易就接到了。但是，当你接连抛起另外两个球，这场接球运动变得越来越难了。

哇，乒乓球越来越不好接住了！这是为什么呢？

是这样的，当第一个球被抛起来，你拿着空杯子很容易就将它接住了；但是当你抛第二个球的时候，杯子里那个球也跟着被抛了起来，你要同时应付两个球，难度当然变大了；第三个球就更不好接住了。

### 知识链接

杂技是多种技艺表演的统称，其中包括：车技、口技、走钢丝、舞狮子……抛接球也是其中一种。一位技艺高超的杂技演员可以同时玩转多个球呢。当然，这是勤学苦练的结果。

“球来喽，艾米接球！”克莱尔抛出了一个乒乓球，艾米跳起来一扑，就把球扑住了。

“好样的，艾米，再来！”克莱尔忍不住赞扬道。

克莱尔接着同时扔出了两个乒乓球，艾米左一扑、右一扑，全都扑到了。

“太棒了！还要试试吗？”克莱尔拿来很多乒乓球问道。

“好啊！”

这次，克莱尔同时抛出了五六个乒乓球，这下，艾米终于招架不住了。

# 拽一拽会怎样

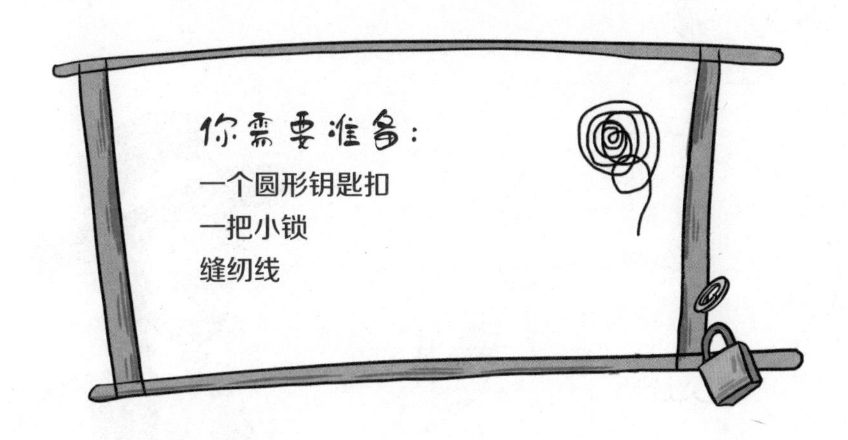
你需要准备：
一个圆形钥匙扣
一把小锁
缝纫线

## 实验开始：

1. 截三根等长的线（每根长约15厘米），分别系在钥匙扣上；
2. 去阳台，把其中一根线拴在晾衣架上；
3. 将小锁锁在钥匙扣上；
4. 快速拉动下面一根线，看看哪根线先断；
5. 慢慢拉动另一根线，等线绷紧后再突然发力，看看哪根线先断。

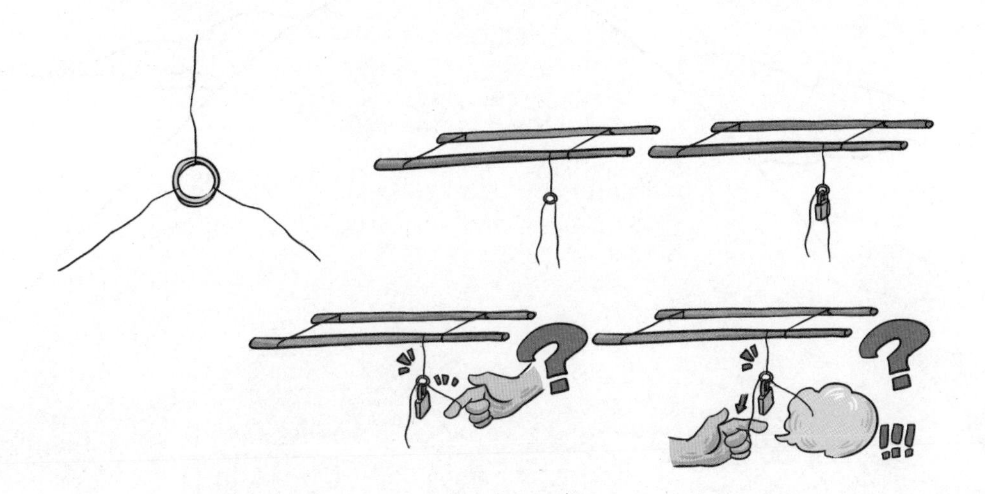

## 有趣的现象：

实验结果或许会让你出乎意料，那就是快速拉线，下面的线先断；慢慢拉线，上面的线先断。

真奇怪！为什么两次的实验结果不同呢？

这是因为在第一次快速拉线的时候，由于锁的惯性，拉力还来不及传到上面那根线上，下面那根线就被狠狠地拽断了。

## 知识链接

牵引力也是一种拉力。各种机动车都是在牵引力的作用下运动起来的。从火车头发出的牵引力节节传导，由此带动了各节车厢一路前进。

克莱尔又找来一根线，把它缠在一本书上，缠了一圈之后，两端各留了一部分线。

“魔术表演即将开始，你能帮个忙吗？”克莱尔问艾米。

“好吧，真不知道你还会变魔术。”艾米表示怀疑。

“相信我，你才是真正的魔术师！现在，请你两只手各牵住线的一端，上边那只手用力拉，速度要快！”

艾米使劲快速拽了拽位于上面的那截儿线，线断了，但是下面的那截儿线依然完好。

“你成功了，知道这是什么原因吗？”

原来，尽管书上缠着的是同一根线，但是当艾米对上面的线用力时，下面的线几乎不受拉力的影响。

# 土豆冒险家

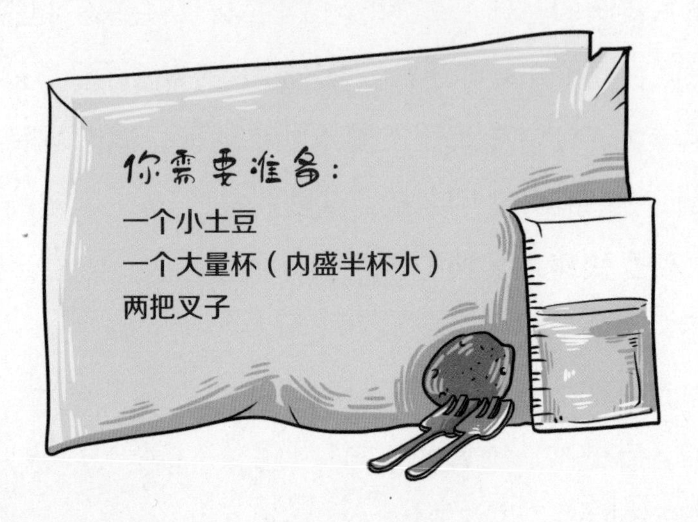
你需要准备：
一个小土豆
一个大量杯（内盛半杯水）
两把叉子

## 实验开始：

1. 将土豆放在杯沿上，看看它能不能稳住；
2. 将两把叉子分别插在土豆两边，然后放在杯沿上，观察其状态；
3. 调整土豆的位置，试着给它找到平衡点；
4. 如果土豆仍不能保持平衡，就调整一下叉子的位置。

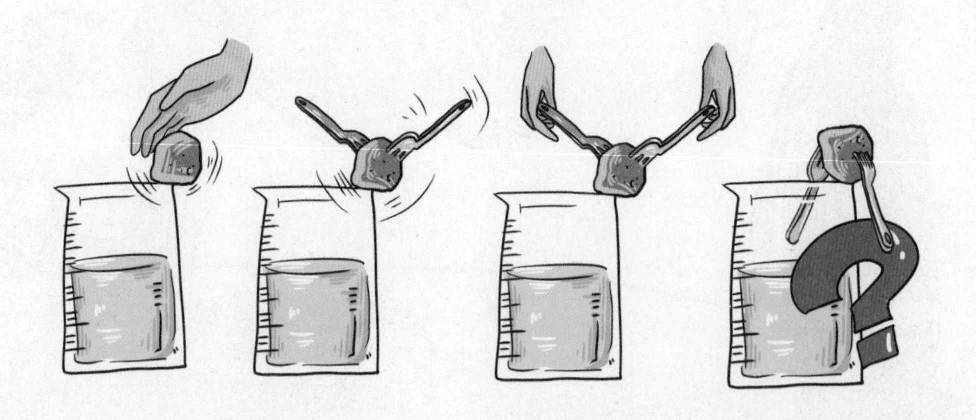

## 有趣的现象：

一个凹凸不平的土豆想要稳稳地站在光滑的杯沿上，这看起来简直是不可能实现的。但是，当它“两肋插刀”之后，竟然奇迹般地站住了。

哇，站住了，它是土豆冒险家！克莱尔，土豆为什么能站在杯沿上呢？
土豆是个不规则的球体，我们很难判断出它的重心，也就是平衡点的位置在哪里。但是插上叉子之后，土豆不仅重心的位置发生了变化，而且具备了灵活调节重心的可能。

### 知识链接

形状规则并且密度均匀的物体的重心，就是它的几何中心。事实上，大多数物体不可能同时具备上述两个条件。以我们的身体为例，一个人行走、坐卧之时，其重心所在的位置都是不同的。

“它找到了自己的重心，所以才不会摔倒，对不对？”艾米看着那个“练杂技”的土豆，追问道。

“太对了！让你看看‘土豆冒险家’是如何失手的！”克莱尔一边说，一边拔下了一个叉子，土豆一下子就掉了下来。

“你太坏了，克莱尔！”

“嘿嘿，告诉你一个防摔小秘诀，那就是感觉自己快要摔倒的时候，尽量将身体蹲下去，这是降低重心保持平衡的好办法。”克莱尔摸摸艾米的头说道。

“我也有防摔秘诀，那就是趴下——趴在地上不会摔倒，是这样吗，克莱尔？”艾米兴奋地说。

# 站住，调皮的漏斗

你需要准备：
两个一样的塑料小漏斗
两根光滑的木棍（长度约50厘米）
一本大辞典
胶带


## 实验开始：

1. 两个小漏斗口对口，用胶带把它们粘起来；
2. 两根木棍并排摆放，用胶带将它们的一端粘绑起来，不要粘得太紧，要使两根木棍间留有2厘米的距离；
3. 将木棍没有连接的一头搭放在大辞典上；
4. 把粘好的漏斗放在木棍粘绑的那端；
5. 轻轻移动其中一根木棍未粘绑的那端，逐渐增大两根棍之间的距离；
6. 观察漏斗移动的情况。

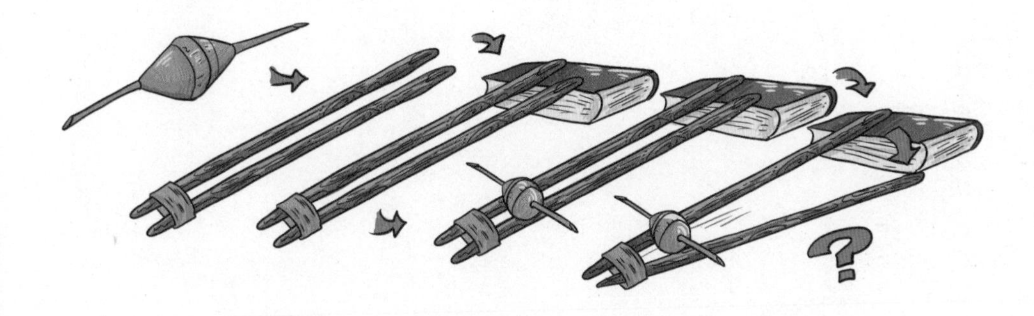

?

## 有趣的现象：

你能猜到漏斗会怎样移动吗？它们很快就会告诉你“我们会爬高”！

哎呀，漏斗竟然爬上来了！这是怎么回事呢？
哈哈，漏斗学会了“猴爬杆”。当你不断移动其中一根木棍，让两根木棍之间的距离增大时，聪明的漏斗也会自觉调整位置，为自己寻找新的平衡点。

## 知识链接

小脑

小脑位于大脑之后，它是帮我们维持身体平衡的重要器官。也就是说，小脑损伤的患者会不同程度地出现站立不稳、步态蹒跚等症状。一个醉酒的人走起路来晃晃悠悠，也是因为小脑被酒精麻痹了。

艾米陪克莱尔看电视，此时正在播放走钢丝的节目，艾米看得心脏怦怦跳，真的好紧张呀。

“哇，他手里拿着一根杆子，不怕被拖累吗？”艾米吓得突然转过身，赶忙问道。

“放心，那根杆子不会拖累他，它能帮助表演者保持身体平衡。”克莱尔安慰道。

“可你不是总说，要轻装上阵吗？”艾米问。

“再轻装也不能省了这根杆，因为它不仅可以帮助表演者调整身体的平衡点，而且还能够增加重量，从而加大脚掌与钢丝之间的摩擦力，使表演者更加稳当。”

# 哪个甜问水桶

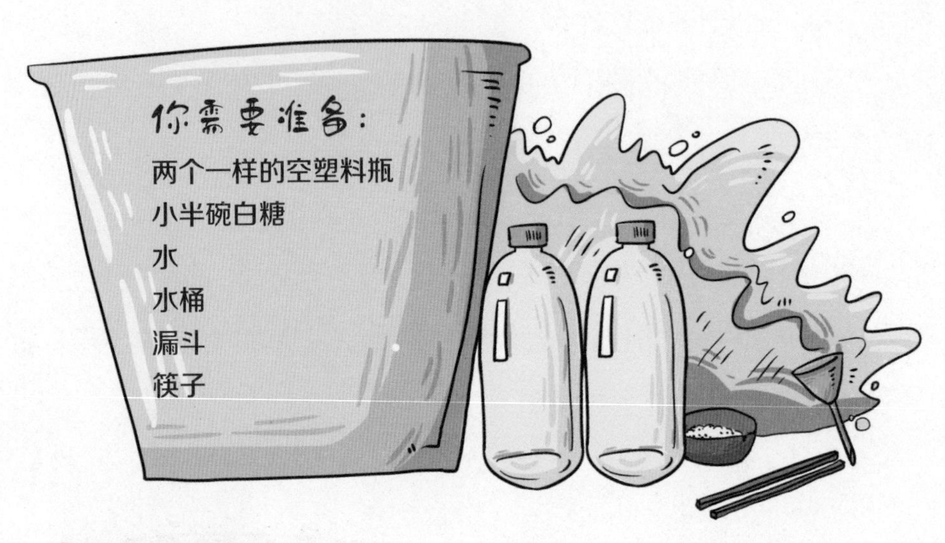

你需要准备：

两个一样的空塑料瓶

小半碗白糖

水

水桶

漏斗

筷子

## 实验开始：

1. 将水倒进糖碗，用筷子搅动，使白糖完全溶解；
2. 借助漏斗把白糖水倒进其中一个瓶子，之后补充清水将瓶子盛满，拧紧瓶盖；
3. 在另一个瓶子中倒满清水，拧紧瓶盖；
4. 给水桶加上大半桶水，把两个瓶子放进去；
5. 待到瓶子静止不动时，观察其状态。

## 有趣的现象：

表面上看，两个瓶子外观一样，而且其中都装着无色透明的液体。但是，当它们进到水里之后，差别很快就显现了。

哎呀，一个高，一个低！为什么会这样？克莱尔，你能猜出哪瓶是糖水吗？

艾米，虽然我们看不到白糖了，可是它就在瓶子里，并且让那瓶水变重了，所以，有糖水的那瓶会下沉。

## 知识链接

洗个澡，干干净净心情好，但是洗澡太频繁也有一定坏处。因为分布在皮肤表面的具有保护功能的油脂，以及菌群会被破坏掉，因此容易引发皮肤红肿、痒痛等不良症状。

艾米想玩一个新游戏，想来想去，它看向了厨房的面口袋。

“我看好你哟！”艾米冲面粉说道。

“冒出来了，水为什么会冒出来呢，克莱尔？”过了一会儿艾米抖抖粘在手上的面粉，不解地问。

“你在干吗？”

“我把面粉倒在了大水碗里，想让它们也像盐粒一样消失在水中，你能帮帮我吗？”

“天哪，我也不能让面粉溶化在水里啊！面粉主要是由蛋白质和淀粉构成的，它们都是不易溶于水的物质。”

# 愣头愣脑的鸡蛋

你需要准备：
一杯水
一块硬纸板
较细的纸筒
一个熟鸡蛋

## 实验开始：

1. 把硬纸板盖在杯口上；
2. 把纸筒立在硬纸板的中间位置；
3. 将鸡蛋放在纸筒上；
4. 迅速抽掉硬纸板，观察鸡蛋的动向。

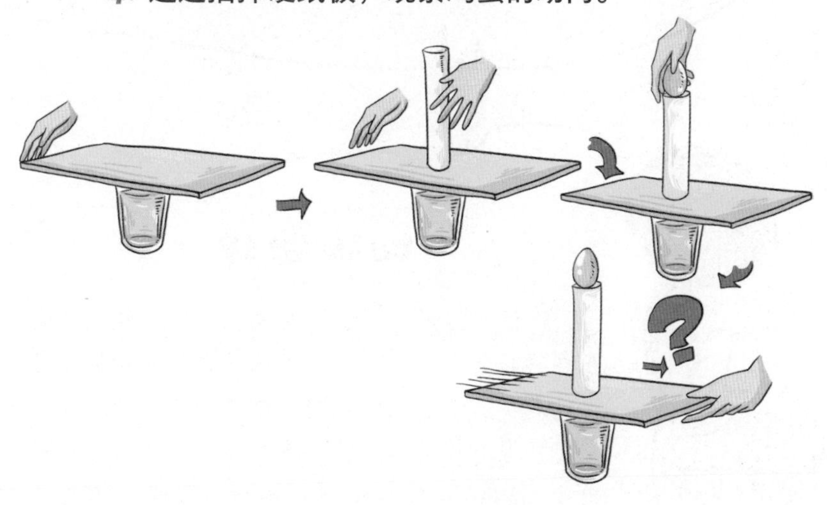

!!!

## 有趣的现象：

纸板被抽走后，纸筒和鸡蛋组合体倒塌了。但是，纸筒掉在了杯子外面，而鸡蛋却没有跑远，它扑通一下掉进了杯子里。

克莱尔，鸡蛋为什么没有跑到杯子外面而是掉进了杯子里呢？

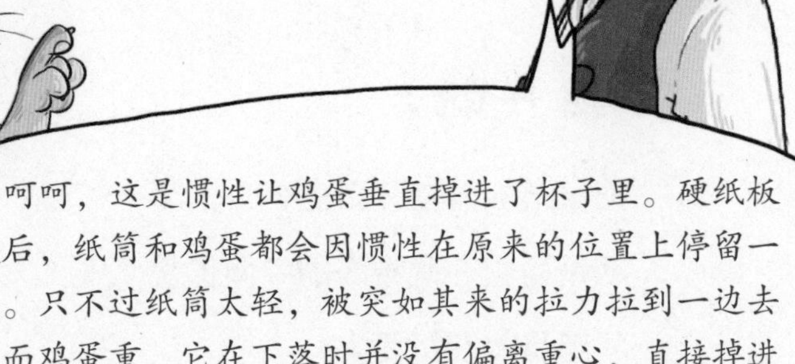

呵呵，这是惯性让鸡蛋垂直掉进了杯子里。硬纸板抽走后，纸筒和鸡蛋都会因惯性在原来的位置上停留一会儿。只不过纸筒太轻，被突如其来的拉力拉到一边去了；而鸡蛋重，它在下落时并没有偏离重心，直接掉进了杯子里。

## 知识链接

任何物体都有惯性，无论它是静止状态还是正在进行某种运动。惯性的大小与该物体的质量密切相关，质量越大的物体惯性越大，运动状态越难改变。比方说，我们踢了足球一脚，足球可以滚动很远；但是用同样大的力量踢小汽车一脚，小汽车却根本不会动。

“喵——克莱尔，陪我去玩疯狂捕鼠游戏好不好？”艾米蹭蹭克莱尔的脸，讨好地说。

“好啊，我永远是你最忠实的玩伴！走吧，今天我们玩个升级版！”

“克莱尔，你有新办法对付老鼠杰西吗？”

“哼哼，就来个‘烟熏老鼠’吧！”克莱尔拿着一根火柴说。

克莱尔点燃了一束稻草，对准杰西的老鼠洞放了进去，但狡猾的杰西很快就从另一个洞口逃出去了。

“看我的，克莱尔！”艾米追了上去。杰西跑得太快了，到墙角时也没能停下来，于是咣当一声撞到了墙上。

“快看，这就是惯性使杰西撞到了墙，对吗，克莱尔？”艾米耸耸肩膀，大声喊向克莱尔。

# 真不像石头

你需要准备：
水盆　放大镜
水　小石子　大块火山石

## 实验开始：

1. 在盆中倒入大半盆水，把小石子和火山石一同放进水里；
2. 将火山石按到水底，压住它，大约5分钟后松手；
3. 用放大镜观察火山石。

5分钟

## 有趣的现象：

将小石子和火山石一起放入水中，小石子沉了下去，而火山石是被你按下去的。当你松开手的瞬间，火山石又浮了起来。用放大镜仔细观察火山石，它的表面似乎产生了微妙的变化。

哎呀，火山石好像穿上了“泡泡装”！石头应该沉底呀，它是真正的石头吗，克莱尔？

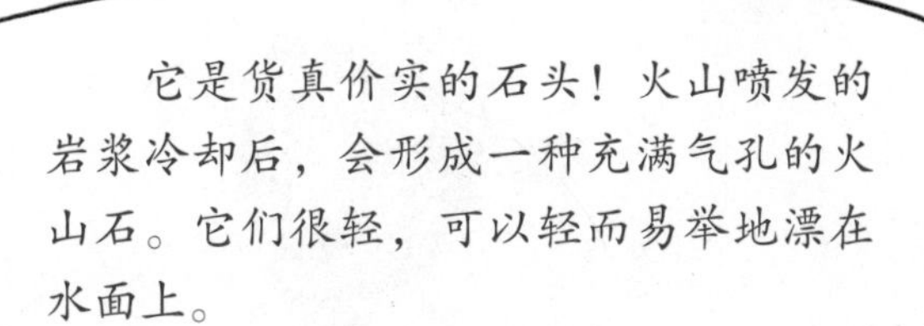
它是货真价实的石头！火山喷发的岩浆冷却后，会形成一种充满气孔的火山石。它们很轻，可以轻而易举地漂在水面上。

### 知识链接

火山石俗称浮石，它身上布满了许多小孔洞，透气性非常好。另外，火山石中富含钠、铝、硅、钙等多种矿物成分，可以提供植物生长所需的部分养料。这样一来，火山石成了无土栽培的好材料。

“你在干吗，克莱尔，让我看看好不好？”艾米说着，一下子跳上了克莱尔的肩膀。

只见克莱尔拿着一块干燥的火山石，背对艾米不知在做什么。

“完成了！试试看，看它还能不能玩漂浮？”克莱尔拿着那块干干的火山石说道。

艾米抢过火山石，把它放进水盆，按到盆底。等啊等，石头一直没浮上来。

“这块石头为什么变懒了？”艾米问。

“你看，我给石头钻了好多洞，各个洞都通了，水流了进去，石头就浮不起来了。”克莱尔一脸坏笑地说。

# 消失的泡泡

**你需要准备：**

几截儿空心面（长度2～3厘米）

两个透明杯子（高度不低于15厘米）

可乐

水

## 实验开始：

1. 将可乐倒进杯子里，液面距杯口3厘米左右；
2. 将空心面放入杯中；
3. 将清水倒入另一个杯子，重复第二个步骤；
4. 观察两个杯子里空心面的状态。

## 有趣的现象：

大约十分钟后，清水杯中的空心面沉到了杯底，而可乐杯中的空心面一会儿浮起来，一会儿沉下去。

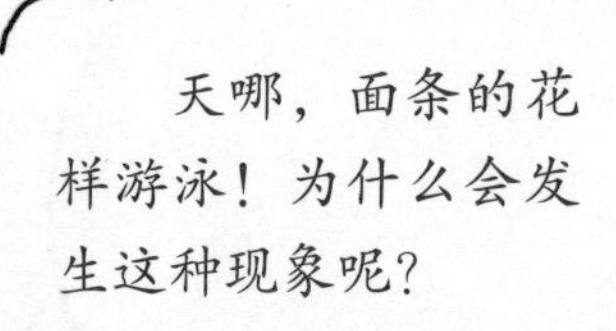
天哪，面条的花样游泳！为什么会发生这种现象呢？

清水中的面条很快就被水浸透了，于是沉了下去；但是可乐中的二氧化碳小气泡会把面条推上来，泡泡破掉后面条又会沉下去。

## 知识链接

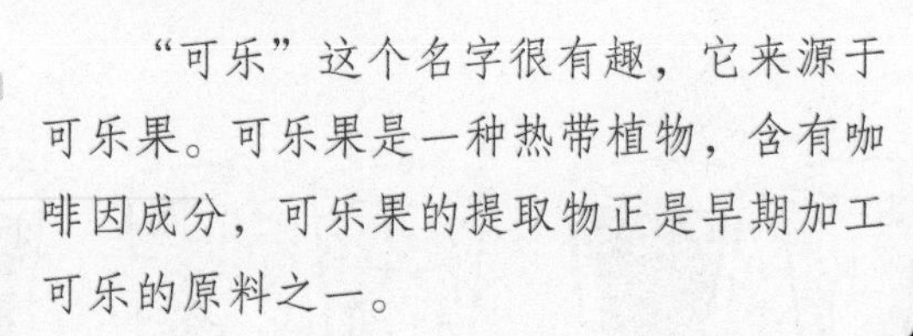

“可乐”这个名字很有趣，它来源于可乐果。可乐果是一种热带植物，含有咖啡因成分，可乐果的提取物正是早期加工可乐的原料之一。

“哦，看一眼就破了，它们是害羞的泡泡吗？”艾米看着杯中的可乐问道。

“没错，泡泡害羞地破了，使空心面沉了下去。”

“泡泡升起来的时候，空心面也跟着上升了，是这样吗，克莱尔？”艾米问。

“太对了！”

“可是浮上来的泡泡为什么会破呢，克莱尔？”

“可乐中的泡泡就是二氧化碳，它们一旦与空气接触，就会破掉。”

可乐中的泡泡是二氧化碳。

# 吹来吹去白费劲

你需要准备：

| | |
|---|---|
| 一满盆水 | 一根可弯折的长吸管 |
| 一串钥匙 | 纸杯 |
| 锥子 | 长约20厘米的细绳 |

## 实验开始：

1. 在纸杯的杯沿下1厘米处，扎出两个对称的孔；
2. 将细绳的一头穿入其中一个孔，打结系好；
3. 将细绳的另一头穿上钥匙，再穿过另一个孔，打结系好；
4. 将纸杯倒扣，放入盆中；
5. 将吸管弯出一个钩，管口正对纸杯下面吹气，观察纸杯的状况。

## 有趣的现象：

钥匙串有点沉，它把纸杯拖下了水。当你对着纸杯吹气的时候，奇迹发生了！对，它竟然慢慢浮起来了！

哇，浮起来了！克莱尔，是谁把这个纸杯推上来的？


当吸管对着纸杯下面不停吹气的时候，气体开始排出杯子里的水，同时对杯子产生托举的力量。杯子里的气体越来越多，杯子就开始向上浮了。

知识链接


在大型造船厂一般建有“干船坞”，它既是修船的地方，也是展示新船的场所。每当船只需要驶离时，大量的水就会从干船坞底部的通道补充进来，用这种方法将船托起来，送回水里去。

艾米按照刚才的实验步骤，用吸管对着杯子吹气，可是这次杯子却不肯浮起来了，真奇怪。

“咦，为什么浮不起来了？克莱尔，是你在暗中捣鬼吗？”艾米问。

“对不起，我好像真的办了一件坏事。你看，杯底有个小洞。”克莱尔拿着纸杯，一脸歉意。

顺着克莱尔手指的方向，艾米发现杯底果然有个小洞。

“哇，吹进去的气从小洞跑掉了，所以我白吹了。”艾米恍然大悟。

“没错。这样一来，你就无法把杯子吹起来了。”克莱尔笑着说。

# 你拉我扯的水珠

10×10

**你需要准备：**

边长约10厘米的方形白纸
蜡烛
筷子
水
火柴

## 实验开始：

1. 点燃蜡烛，把蜡滴均匀滴满在白纸上，使白纸变成蜡纸；
2. 用筷子蘸水，将水滴在蜡纸的一角。沿第一滴水的对角再滴一滴水，观察两滴水的状态；
3. 然后在两滴水的附近继续多滴一些水滴，观察这些水滴的状态。

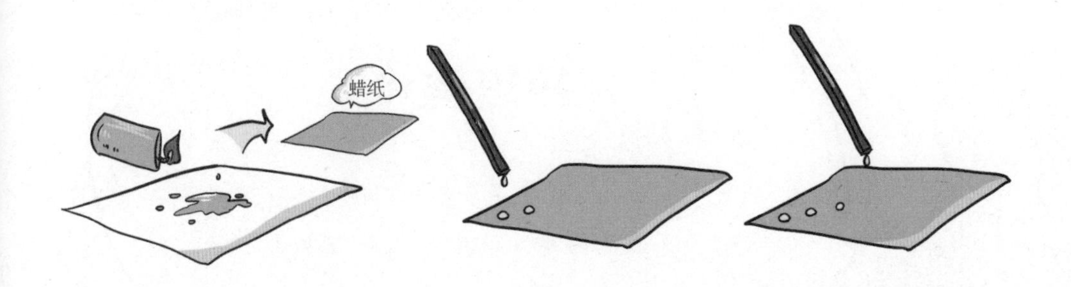
蜡纸

## 有趣的现象：

最先滴的两滴水“互不理睬”，各自保持圆溜溜的水珠状。但是，当你在水滴的周围不断滴水，水珠们“你拉我扯”地变成了一片水。

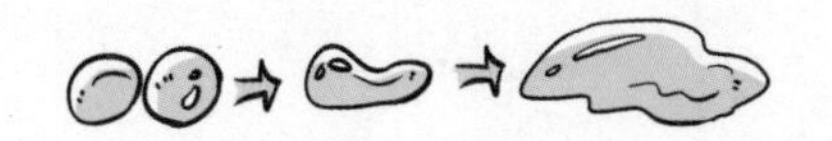

哎呀，水滴聚到一起了！为什么最先滴的那两滴水没有聚到一起呢？

水是由许多小小的水分子构成的，水分子之间会互相吸引，但是这种引力并不是很强大。如果距离太远，这种引力就不能发挥作用了。所以，最开始的两滴水因距离远而无法聚到一起。

### 知识链接

一个水分子包含三个原子，那就是两个氢原子和一个氧原子。水有三种形态：液态的水、固态的水（冰）、气态的水（水蒸气）。

“如果分子之间没有引力，这个世界就乱了……艾米，你怕不怕？”

“那酸奶呢？酸奶也有分子吗？克莱尔，我想研究酸奶。”艾米对克莱尔说。

“哈哈，我的猫咪爱酸奶，酸奶当然有分子。”

“现在我可以尝尝酸奶的分子吗？”艾米舔了舔小嘴问道。

“当然可以！我真的不敢想象，假如酸奶分子之间没有引力会怎样……”克莱尔看着酸奶，自言自语道。

# 水的肚皮圆鼓鼓

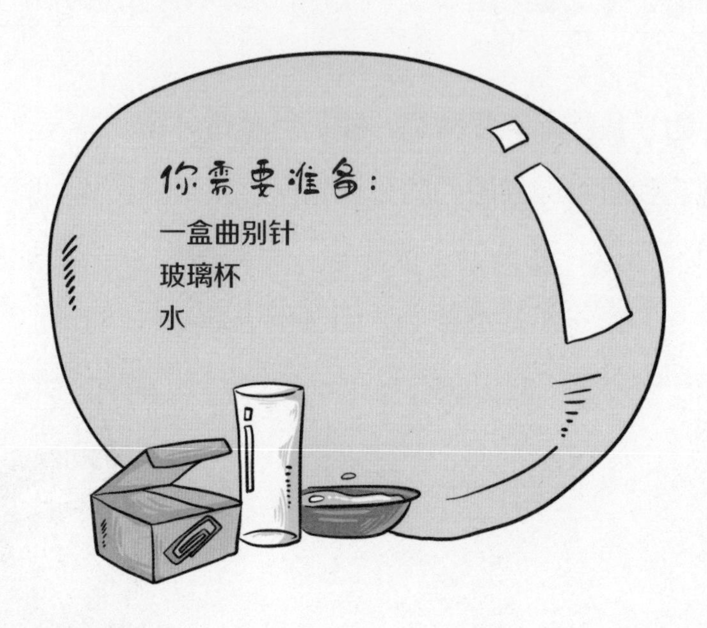
你需要准备：
一盒曲别针
玻璃杯
水

## 实验开始：

1. 往玻璃杯里加水，水面要差不多与杯沿齐平；
2. 将一个曲别针沿着杯沿放到杯子里；
3. 以上述方式继续往杯子里放曲别针，观察水面状态。

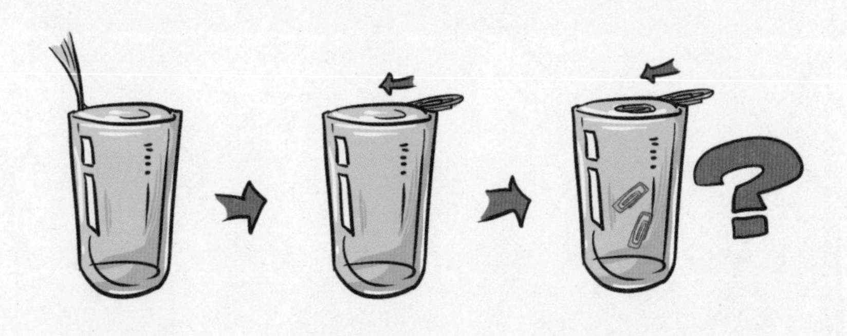

## 有趣的现象：

杯子里的水眼看就要溢出来了，没想到曲别针还能“见缝插针”钻进去，而且不止一个曲别针。随着杯子里的曲别针越来越多，水面逐渐向上鼓起来，好像放大镜一样。

哇，水的肚皮快要撑爆了！为什么满满一杯水还能“吃”掉那么多曲别针？

水的肚子像皮球，但是吃太多也会爆炸！我们每放进一个曲别针，水面就会升高一点儿，但是水具有表面张力，因此水暂时不会溢出来，但随着曲别针越来越多，水最终还是会溢出来的。

### 知识链接

分子间作用力又称范德华力，通常指的是存在于分子与分子之间，或者存在于惰性气体原子之间的作用力。

“咦，只剩一滴水了，另一滴藏哪儿去了，克莱尔？”艾米疑惑地问道。

就在刚才，克莱尔在玻璃板上滴了两滴水，艾米回过神来时，两滴水已经变成了一滴。

“哈哈，丢了一个小水滴，真的和我没关系！”

“这件事跟我也没关系！可是这里只有咱们俩啊！”艾米难以置信。

“其实这是水的表面张力在发挥作用，你可以想象一下——两个水滴向外‘扩张地盘’的时候，成功地拉了手……”

# 鲍勃的白衣裳

你需要准备：

胡椒粉

有一定深度的小盘子

洗洁精

水

一双筷子

## 实验开始：

1. 在小盘子中加水，水量大约为盘子深度的$\frac{3}{4}$；
2. 向盘子里撒一些胡椒粉，撒满水面；
3. 用筷子蘸一点儿洗洁精，滴入盘子中央；
4. 观察胡椒粉的状态。

3/4
?

## 有趣的现象：

胡椒粉漂浮在水面上，当洗洁精滴入的时候，胡椒粉迅速游向盘子周边。

天哪，胡椒粉就像吓坏了一样游开了！为什么它们迅速游开了呢？

不是胡椒粉胆子小，是洗洁精实在太霸道了！洗洁精滴入的地方，水分子的团结立刻就被破坏了。这样一来，胡椒粉不得不另寻“安乐窝”，所以它们就都游开了。

## 知识链接

洗洁精等洗涤剂中都含有表面活性剂，它可以有效地去除餐具和衣物表面的油污，从而达到清洁的目的。

“喵！你好，鲍勃！”

“嘎嘎嘎——你好，猫咪！”白鸭子鲍勃伸长脖子，向艾米问好。

鲍勃正在小河里游泳，它一会儿啄啄羽毛，一会儿将身子伸进水中，只露出可爱的尾巴。

“卖鱼吗，鲍勃？我可以用花石头换你的小鱼！”艾米打算捡个便宜。

“别打扰鲍勃，它在洗澡。艾米你看，鲍勃的羽毛比我的衬衫白多了！”克莱尔对艾米说。

“鲍勃的羽毛好白呀！克莱尔，它用什么肥皂清洗羽毛呢？”

“鲍勃没有肥皂，它可不能用肥皂。”

“为什么？”

“鲍勃的羽毛上有一层天然保护膜，肥皂会破坏保护膜的！”

肥皂会破坏保护膜的！

# 手帕不防水了

你需要准备：
纯棉手帕 螺口玻璃瓶
水 水盆 细绳

## 实验开始：

1. 在玻璃瓶中倒满水，水稍溢出杯口；
2. 用手帕盖住瓶口；
3. 用线将瓶口与手帕系紧，要让手帕绷得紧紧的；
4. 把瓶子倒过来悬空在水盆上方，观察瓶中水的状况。

## 有趣的现象：

当你忐忑不安地将瓶子倒过来后，没想到，只有几滴水从瓶口流出来，落到了水盆里。

天哪，水被手帕挡住了，这怎么可能呢？

当你把手帕绷得紧紧的，手帕上的空隙也变得很小很小了，这个时候瓶子里的水分子反倒将那些微小的空隙给堵上了，所以水就难以流出来了。

### 知识链接

雨伞的伞面材料有很多种，例如：防雨布、涤纶布，甚至还有以纸为基本原料的油纸。无论哪种材料的伞，使用时都撑得鼓鼓的。这就是为了使伞面的小孔最大限度地变小，从而防止雨漏进来。

过了一会儿，克莱尔又把瓶子倒过来了，瓶子的漏水量突然变大了，艾米不禁疑惑地问：“手帕为什么漏水了？”

“哈哈，手帕不防水，那是因为它变懈怠了——你看，它现在皱巴巴的。”克莱尔笑嘻嘻地说。

原来，克莱尔偷偷松了松线，使绑在瓶口上的手帕变得有点儿松了。

“手帕没有被绷紧，布面上的空隙变大了，是这样吗？”艾米分析道。

“你说对了，像这样皱巴巴的手帕一定既透水又透气。”

像这样皱巴巴的
手帕一定既透水
又透气！

# 大泡泡吃小泡泡

**你需要准备：**

洗洁精
水
盘子
吸管
小勺子

## 实验开始：

1. 把1勺洗洁精倒进盘子里；
2. 放9勺清水稀释洗洁精；
3. 用吸管将洗洁精搅匀；
4. 将吸管贴近盘子中央，吹个大泡泡；
5. 抽出吸管，蘸点水，再轻轻插进泡泡里，一直插到盘底；
6. 重复上述步骤，继续吹泡泡，看你能吹出多少个泡泡。

×
×9
?

1,2,3……

## 有趣的现象：

第一个泡泡吹起来，贴在盘底没有飞走。用吸管扎进泡泡里，它竟然没破，于是又吹出了第二个、第三个泡泡……

哇，大泡泡保护小泡泡！克莱尔，你是怎么把小泡泡塞进大泡泡里的？

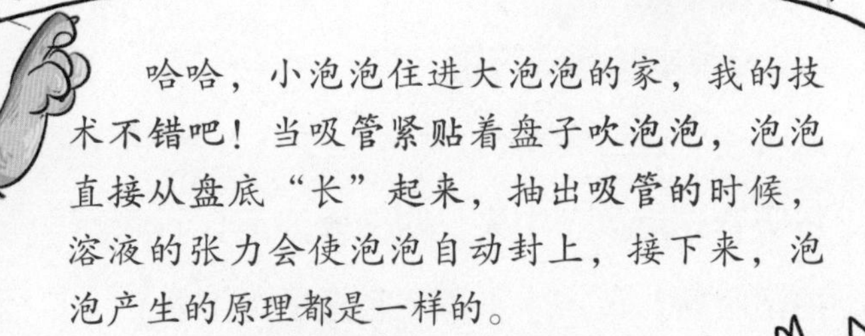
哈哈，小泡泡住进大泡泡的家，我的技术不错吧！当吸管紧贴着盘子吹泡泡，泡泡直接从盘底“长”起来，抽出吸管的时候，溶液的张力会使泡泡自动封上，接下来，泡泡产生的原理都是一样的。

## 知识链接

吹泡泡的游戏，很多人都玩过，而且玩过不止一次两次。其实，泡泡就是借助水的表面张力而形成的。由于表面张力，泡泡的薄膜会尽可能收缩到最小，最终变成圆滚滚的。

“杰西，好好练习吹泡泡，争取打破世界纪录！”艾米鼓励道。

“打破世界纪录有什么好处吗？”

“打破世界纪录会得到奖金，奖金可以用来买奶酪，你最喜欢的甜奶酪哟！”

“算了猫王，机会还是留给那些鱼吧。”杰西不吹泡泡了，盯着鱼缸看起来，“为什么小鱼一直吹泡泡却不累呢？”

“小鱼在向下游动的时候，需要排出鱼鳔中的气体，它们就将这些气体以泡泡的形式吐出来啦！”艾米解释道。

“真不愧是猫王啊，知道得真多！”

# 神奇的纸团

你需要准备：
水
玻璃杯
水桶
废报纸


## 实验开始：

1. 把废报纸揉成团，体积大约为杯子的一半；
2. 将纸团放进杯子，压到杯底，尽量压紧；
3. 往水桶里倒水，水面高度大约到你的胳膊肘；
4. 将放有纸团的杯子倒扣在水桶中，取出后观察纸团的状态；
5. 杯口朝上再放入水中，取出后观察报纸的状态。

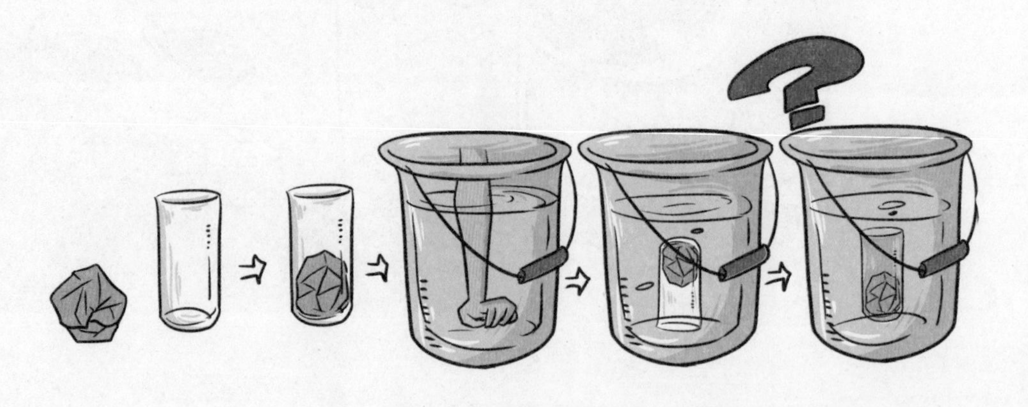

## 有趣的现象：

纸团掉进水里，可想而知，它一定会被泡得软塌塌的！但是，当你将玻璃杯倒扣在水中，却发生了奇妙的事情，那就是纸团并没有湿。

哇，纸团是干燥的！克莱尔，这是新型防水报纸吗？

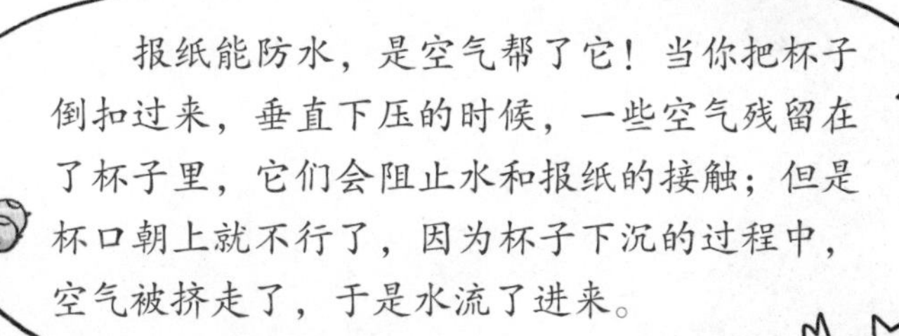
报纸能防水，是空气帮了它！当你把杯子倒扣过来，垂直下压的时候，一些空气残留在了杯子里，它们会阻止水和报纸的接触；但是杯口朝上就不行了，因为杯子下沉的过程中，空气被挤走了，于是水流了进来。

### 知识链接

制作泡菜的过程中，将菜坛子密封是个很重要的步骤，因为一旦氧气进入坛子，泡菜就会变味。为了更好地隔绝空气，人们往往会在坛口加点水。

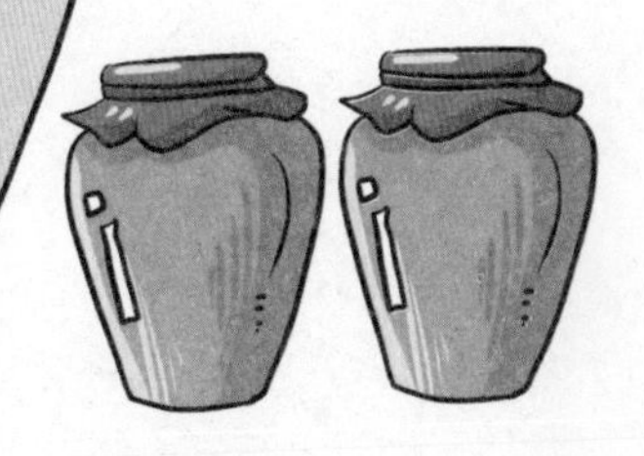

艾米将新的放有纸团的杯子放进了水桶。

“克莱尔你看，这次纸团怎么湿了呢？”艾米望着湿漉漉的纸团，非常失望地说。

“我猜，你是杯口朝上放进去的，对不对？”克莱尔语气肯定地问。

“没错，杯口朝上，你怎么知道？”

“哈哈，我真的猜对了！艾米，如果杯口朝上放进水桶，水就会将空气挤走！这样一来，纸团的‘保护伞’也就没有了。”

# 丽莎变“飞鸡”

你需要准备：
平口塑料杯（高度不低于20厘米）
水桶　水　塑料瓶盖

## 实验开始：

1. 在桶里倒大半桶水，把瓶盖放进桶里；
2. 紧接着将杯口朝下罩住瓶盖，把瓶盖一直向下推压；
3. 观察瓶盖的状况。

## 有趣的现象：

你用杯子扣住了瓶盖，一起向下推压，一开始瓶盖的确是一路下行的，但当杯口紧扣桶底的时候，瓶盖并没贴到桶底。

瓶盖为什么没有贴在桶底呢？

当你倒扣杯子罩住瓶盖，并且向下用力的时候，瓶盖已经感受到了压迫，与此同时它下面的水也会对它产生托举的力量。如果杯子里的空气足够多，瓶盖会被空气推到桶底，可是杯子里的空气并没那么多，产生不了足够大的推力，所以，瓶盖并不会贴到桶底。

## 知识链接

大气压力量大得很，不过飞机却能利用大气压差飞上天空。飞机的主要升力装置是机翼，飞机能被托起来，正是由于机翼上下表面的气压值不同——下面大上面小。

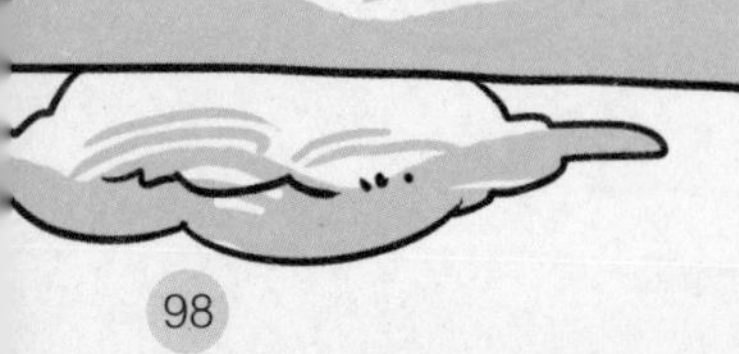

“母鸡丽莎也有翅膀，为什么它不会飞呢？”艾米问克莱尔。

“鸡原来也会飞，但现在它们的翅膀已经退化了，所以飞不了了。”克莱尔想了想，回答道。

“它们很久没飞了，这就是懒惰的恶果对不对？”

“也对！翅膀就像脑袋瓜，越用才会越灵活。”

“咯咯嗒、咯咯嗒……蚂蚱跳三跳，我就是抓不着。”

“加油，丽莎大姐！”

丽莎领着孩子们正在草地上捉蚂蚱，可是蚂蚱太狡猾了，它扑棱了半天翅膀，都累坏了也没捉到一只蚂蚱。

# 纸条呼啦啦

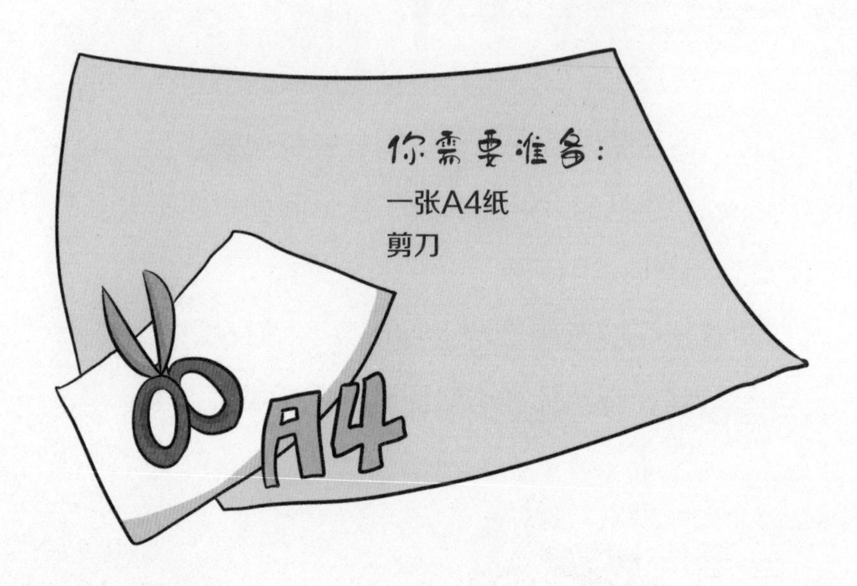
你需要准备：
一张A4纸
剪刀
A4

## 实验开始：

1. 以纸的一条长边为基准线，剪下一条宽度为5厘米的纸条；
2. 将纸条一边折起3厘米，折成L形；
3. 长边朝上，一手捏住L形纸条的折角，对着纸条的上端吹气，观察其动向；
4. 然后对着纸条的下端吹气，并观察其动向。

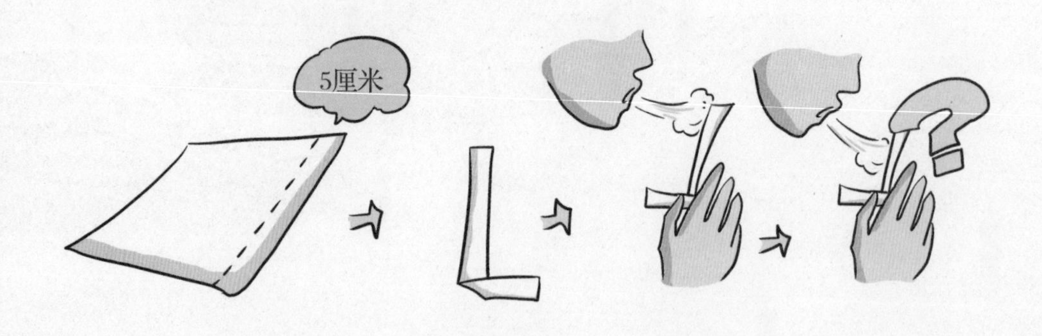
5厘米

## 有趣的现象：

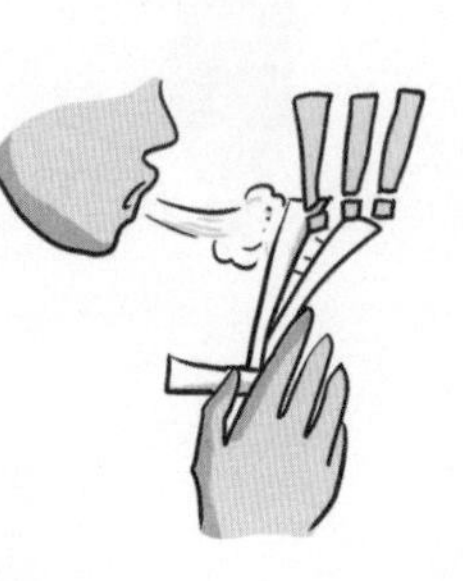

当你对着纸条的上端吹气时，纸条呼啦啦飘动起来了；当你对着纸条的下端吹气时，没想到，它依然那样飘动起来了。

克莱尔，为什么它总能飘动起来呢？

当你对纸条吹气的时候，气吹到哪里，哪里的空气就会变少，纸条就会向着相反的方向飘动。即使对着纸条的下端吹，吹出的气也会沿着纸条一路跑到上端，所以，结果还是一样的。

## 知识链接

“流体力学之父”丹尼尔·伯努利发现：不论在气流还是水流中，流动的速度越快，流体产生的压力就越小。后来，人们将这个原理定名为“伯努利原理”。

“准备好了吗？我要拧开水龙头了！”克莱尔一只手搭在水龙头上，向艾米示意道。

“好了，开始吧！”

现在，水龙头下面有个水盆，盆里有个乒乓球。当克莱尔拧开水龙头，水流到水盆里的时候，艾米动了动乒乓球，目的是让它处在流水的正下方。

“哇，乒乓球没有被水冲跑！它是怎么做到的？”艾米拍着小手，惊讶地问。

此时，水龙头的流水浇在乒乓球上，没想到球在流水下方待得稳稳的。

“这是因为流水速度足够快！水流越快，产生的压力就越小，乒乓球就这样被‘固定’在那里了。”

# 吹不走的纸

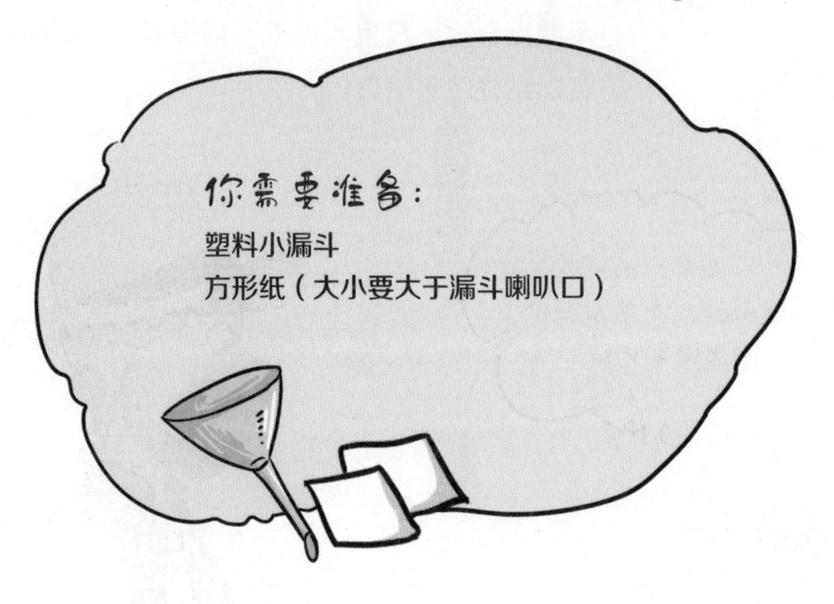

你需要准备：

塑料小漏斗

方形纸（大小要大于漏斗喇叭口）

## 实验开始：

1. 将漏斗清洗干净，含住较细的那端；
2. 拿一张纸，完全盖住喇叭口；
3. 长吹一口气，观察纸的状态。

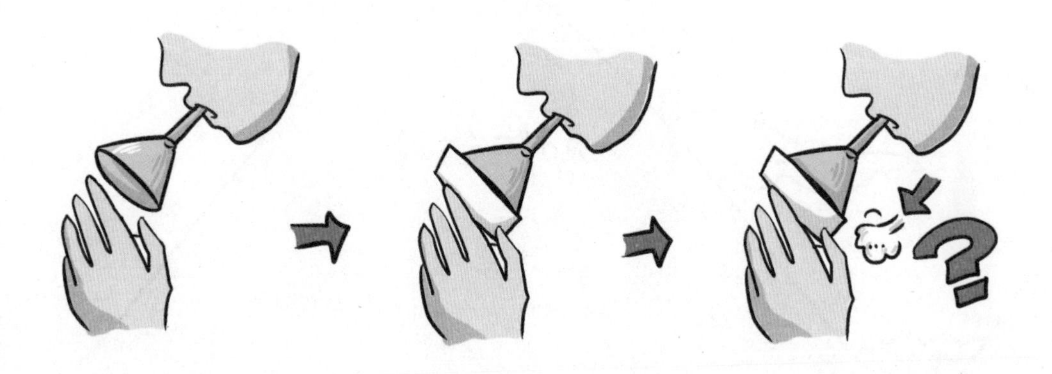

## 有趣的现象：

你一定以为，轻轻一吹，纸就会掉下去。事实上，这一口气吹出去，纸像着了魔似的，竟然贴住了喇叭口！

天哪，纸贴住了喇叭口！克莱尔，这是怎么回事呢？
当你长吹一口气后，喇叭口附近的空气变得稀薄，形成了所谓的“低压区”。这样一来，纸朝喇叭里侧的气压低，朝外侧的气压不变，于是纸被外侧的气压推上来了。

## 知识链接

我们所说的气压高与低，是相对而言的。在同一地理范围，阴天和晴天相比，阴天气压低；高山与平原相比，平原地区气压低；夏季与冬季相比，冬季气压低。

“小小的纸啊，你是逃不出我的手掌心的！”艾米跳起来，伸出手按住了飞起来的纸。

“你真是身手不凡！”

“纸为什么会飞走呢？”

“纸飞走了，那是因为这回是用漏斗的窄口端对着纸吹气的。”克莱尔拿着漏斗说。

“大口和小口，这有什么区别呢？”艾米没明白。

“当然有区别！我从漏斗的喇叭口吹气，气流挤到小口端，小口端会产生很大的压力，就会把纸吹跑。”

?!

# 清晨就去采花蜜

你需要准备：
吸管 小水桶 水

**实验开始：**

1. 给小水桶盛满水，将吸管插进水桶，尽量使吸管完全没入水中；
2. 把吸管提出水面，观察其情况；
3. 试试捏住吸管上端，把吸管提出水面，观察其情况；
4. 松开捏着吸管的手，观察吸管的变化。

## 有趣的现象：

捏着吸管上端将它提起来，发现并没有水从吸管内流出来。但是刚一松手，一股水流就从吸管内流出来了。

哇，偷偷喝了水竟然不告诉我！克莱尔，它真是一根不诚实的吸管。
当吸管完全浸在水里的时候，它的内部完全排出了空气，已经充满了水，当捏紧管口把它提起来时，吸管内的水其实也想冲出来，但是没有空气推它一把。当松开手时，空气进入吸管中，把水推了出来。

### 知识链接

由于很多微生物在低氧环境中是没法生存的，所以人们把食品储存在真空中。如此一来，真空包装出现了。这种包装内部的空气刻意被抽出，从而形成了人造的真空。

“蜜蜂怎么采蜜呢，克莱尔？它们随身带着吸管是吗？”艾米喝了一口蜂蜜，提出了两个问题。

“带着吸管？这么说也行！蜜蜂的嘴巴上有个细长的管，上面长着嚼吸式口器。”

“快呀克莱尔，再不动手，蜜蜂就要来了！”

此时，艾米递给克莱尔一根吸管，让他用吸管采花蜜。

“用它？”

“当然了，蜜蜂就是用吸管采蜜的。”艾米一脸天真地说。

艾米的做法惹得克莱尔哭笑不得。

# 风儿吹心儿烦

你需要准备：
气球
容量不低于1升的空塑料瓶
一盆热水
线

## 实验开始：

1. 稍稍吹起气球，将它套在塑料瓶口；
2. 用线把气球嘴绑紧在瓶口上，以免漏气；
3. 将塑料瓶放在热水里泡一会儿；
4. 把泡过的塑料瓶拿到水龙头下，用凉水反复冲洗，观察气球的状态。

## 有趣的现象：

气球里原本有点儿气，把它套在瓶口并绑紧，再把瓶子泡在热水里，之后又用凉水冲洗。没想到的是，将泡热的瓶子再用凉水冲洗后，气球竟然泄气了。

天哪，贪吃的瓶子，它快要把气球吞到肚子里了！这是怎么回事呢？

哈哈，橡胶气球可不好吃，那个味道没人爱！当我们把瓶子泡在热水里的时候，瓶子中的空气不断跑到气球里。后来瓶子洗了冷水澡，冻得空气分子又往回跑。这样一来，气球就泄气了。

## 知识链接

大气环流指的是包围在地球外部的大气在不停地循环运动。我们可能会有些陌生，因为我们看不到也摸不着它。其实，风、雨等自然现象的形成，都与大气环流息息相关。

“讨厌的风！它把我的好心情吹跑了。”艾米噘着嘴说。

此时，艾米又被大风困在了家里，只好在家里抱怨。

“风也破坏了我的好心情，可是，它也不是光做坏事。”克莱尔安慰艾米说。

“难道它做过什么好事吗，克莱尔？我可一件都不知道！”

“当然了，风会帮助花传粉！”

“传粉有什么用呢？”

“传粉才能结果实。它和小蜜蜂、蝴蝶做着一样的工作。”

# 谁先落下去

你需要准备：
废报纸
剪刀

## 实验开始：

1. 用剪刀剪下两块小方形报纸，边长大约为10厘米；
2. 将其中一块报纸揉成蓬松的小纸团；
3. 将另一块报纸和纸团分别放在手背上；
4. 同时翻转两只手的手背，速度要快，使纸片和纸团同时掉下来；
5. 观察纸片和纸团下落的速度。

## 有趣的现象：

!!!

两块大小一样的报纸，其中一块被揉成了团，当把它们分别放在手背上再同时把手背翻过来时，或许你猜不到谁先落到地上。比赛结果很快出来了，是纸团先落到了地上。

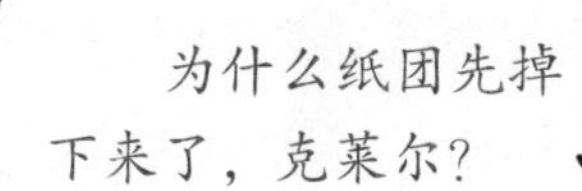

为什么纸团先掉下来了，克莱尔？

任何物体从高处向低处下落的过程中，都会受到空气的阻力。但是，纸团的身体蜷缩在一起，它受到的阻力相对较小，于是先落到了地上。

## 知识链接

我们总希望做事情的时候一帆风顺，而不是阻力重重。其实，有阻力不一定是坏事，降落伞就是成功利用空气阻力的发明。正因为阻力的存在，降落伞才能慢悠悠地从天上落下来，从而确保伞上的操作员平安着陆。

“最新的‘克莱尔猜想’横空出世——你能捧个场吗？”克莱尔手舞足蹈地问艾米。

“猜什么？”艾米问。

“我们就猜这两个小东西谁先落地。”克莱尔一边说，一边摊开手掌，艾米看到了一大一小两个纸团。

“这不用猜，丢下来看看就知道了！”

其实，克莱尔只是把先前剩下的那个纸片也揉成一团，只不过揉得比较紧实，也比较小。就这样按照原来的实验步骤将一大一小两个纸团丢下来，结果，揉得紧实的小纸团先落地了。

“小纸团受到的空气阻力小，所以它先掉下来了。”

“说得对，你真是太聪明了！”克莱尔赞扬道。

# 陀螺不倒翁

你需要准备：
乒乓球
少许沙子
没削的铅笔
白纸
小锥子

## 实验开始：

1. 用铅笔把乒乓球顶起来，观察球的状况；
2. 用小锥子在乒乓球上扎一个洞；
3. 将纸卷成漏斗形，用它将少许沙子灌入乒乓球；
4. 乒乓球洞朝上，再用铅笔把乒乓球顶起来，观察乒乓球的状况。

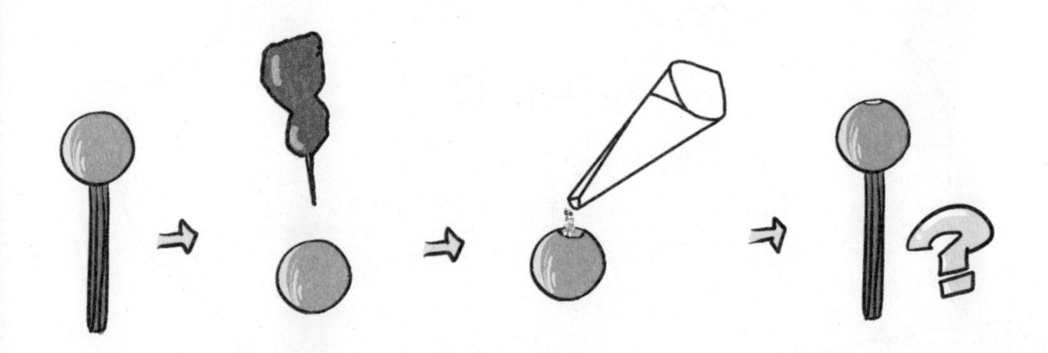

## 有趣的现象：

第一次的尝试，刚才已经看到圆滚滚的乒乓球是不可能站在铅笔上的。但是，当给乒乓球倒入沙子后，它竟然能站在铅笔上了，即使轻轻晃动铅笔，它也不会轻易掉下来。

哇，金鸡独立！克莱尔，你是怎么把这个球粘上去的？

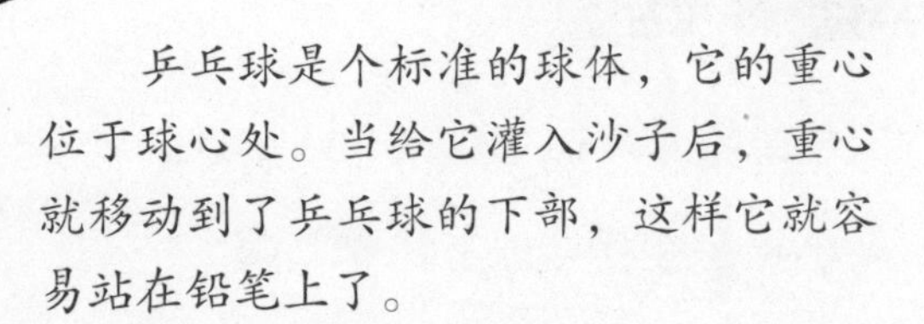
乒乓球是个标准的球体，它的重心位于球心处。当给它灌入沙子后，重心就移动到了乒乓球的下部，这样它就容易站在铅笔上了。

## 知识链接

通常来说，物体的重心越低，它的平衡力就越强。不倒翁的重心处在整个玩具最下端，平衡力超强，所以怎么推它，它都不会倒。

“我们来玩个‘摔倒游戏’好不好？”克莱尔问艾米。

“天哪，别闹了，摔倒可不是好玩的，你不怕摔得鼻青脸肿吗？”艾米觉得莫名其妙。

“不摔你不摔我，其实是摔倒它！”克莱尔指着桌上的陀螺说。

克莱尔让陀螺尖头朝上，艾米费了好大劲，都不能让它摔跟头。可是，让陀螺尖头朝下时，它想立都立不起来，直接就摔倒了。

“明白了，如果尖头朝下，它就找不到重心了，是这样吗，克莱尔？”

“太对了！当尖头朝上时，它的重心比较靠近又大又圆的底座，所以它当然不会摔倒了！”

# 小小大力士

你需要准备：

自己

爸爸和妈妈

## 实验开始：

1. 手臂向上弯曲，左手搭左肩膀，右手搭右肩膀；
2. 身体贴着墙壁站直，弯曲的胳膊与身体两侧保持水平状态，使上臂与肩膀平齐；
3. 请爸爸和妈妈分别站到你的一左一右，各抬起你的一条胳膊竖着向上托；
4. 弯曲的胳膊略微向上用力，同时感受爸爸妈妈的力量。

## 有趣的现象：

原本爸爸妈妈想要把你抬起来是很容易的事，但没想到你这次就像大力士一样稳稳地站着，不论他俩多么用力，也只能动动你的胳膊，并不能把你抬起来。

哈哈，真是个神奇的小孩！克莱尔，为什么两个大人都不能把他抬起来？


当大人企图把你抬起来的时候，你弯曲的手臂正在稍稍向上用力，这样一来，他们的力量就被削弱了。你可以想想乘坐升降电梯时的感觉。

### 知识链接

如今的居民楼、商场等高层建筑里，大多安装了升降电梯。简单地说，升降电梯就是通过滑轮和引绳，将轿厢送上楼或者运下楼的，从而达到运送乘客或者运输货物的目的。

“怎样才能把那个小孩抬起来呢？你一定有办法对不对，克莱尔？”艾米扭头问。

“按照刚才的步骤，只要胳膊改变用力的方向，微微向下使劲儿，他立刻就不再是‘大力士’了。”

“说得那么肯定，你的理由是什么呢？”艾米接着问。

“当胳膊向下用力的时候，施力的方向与父母施力的方向正好相反，所以谁的力气大，谁就能把对方抬起来！”